高等职业教育专科、本科计算机类专业新形态一体化教材

Vue 框架应用实战项目式教程

主　编 ◎ 朱　珍　　王新强　　黄　玲

副主编 ◎ 陆晓梅　　吴森宏　　莫康信

参　编 ◎ 陈华荣　　唐日成　　韦泓妤

电子工业出版社

Publishing House of Electronics Industry

北京·BEIJING

内 容 简 介

本书根据 Web 前端开发职业岗位技能需求，结合 1+X 证书制度《Web 前端开发职业技能等级标准》（高级）的知识体系，以企业真实的生产项目"就业职通车"网站为中心，采用典型工作任务法将内容分为 9 个任务，介绍了创建 Vue 应用、模板语法、响应式状态、computed 计算属性、Vue 指令、Vue 过渡动画等知识内容，深入地讲解了 Vue 工程化、Vue 组件、组件传值、插槽、Axios 异步请求、Pinia 状态管理库、Vue 工程构建工具 Vite、项目托管 Git 等核心编程技术。本书由浅入深地讲解最新的 Vue3 技术，并配套案例代码，帮助读者更好地理解书中的内容。

本书通过典型工作任务法将项目由易到难逐层分解实现，体现了精益求精、勇于创新的工匠精神，同时引入了课程思政内容，帮助学生树立正确的世界观和价值观。

本书编写团队既包括具有丰富项目实践开发经验的企业技术骨干，又包括深耕本科教育数十年的教师，还包括具有丰富教学经验的高职院校一线教师，旨在为读者提供一个通俗易懂的学习技术的平台。

本书可以作为高职高专、应用型本科院校，以及软件开发培训学校 Web 前端开发技术相关专业学生的教材和实训指导书，也可以作为有一定前端技术基础的网站开发人员和社会在职人员的参考用书。

未经许可，不得以任何方式复制或抄袭本书之部分或全部内容。
版权所有，侵权必究。

图书在版编目（CIP）数据

Vue 框架应用实战项目式教程 / 朱珍，王新强，黄玲主编. —北京：电子工业出版社，2024.7
ISBN 978-7-121-47851-2

Ⅰ. ①V… Ⅱ. ①朱… ②王… ③黄… Ⅲ. ①网页制作工具－程序设计－教材 Ⅳ. ①TP393.092.2

中国国家版本馆 CIP 数据核字（2024）第 095158 号

责任编辑：李　静
印　　刷：北京雁林吉兆印刷有限公司
装　　订：北京雁林吉兆印刷有限公司
出版发行：电子工业出版社
　　　　　北京市海淀区万寿路 173 信箱　　邮编：100036
开　　本：787×1092　1/16　印张：12.75　字数：290 千字
版　　次：2024 年 7 月第 1 版
印　　次：2024 年 7 月第 1 次印刷
定　　价：42.80 元

凡所购买电子工业出版社图书有缺损问题，请向购买书店调换。若书店售缺，请与本社发行部联系，联系及邮购电话：（010）88254888，88258888。
质量投诉请发邮件至 zlts@phei.com.cn，盗版侵权举报请发邮件至 dbqq@phei.com.cn。
本书咨询联系方式：（010）88254604，lijing@phei.com.cn。

前 言

Vue 是一款用于构建用户界面的 JavaScript 框架。它基于标准 HTML、CSS 和 JavaScript 构建，并提供了一套声明式的、组件化的编程模型，以便高效地开发用户界面。Vue 是目前非常流行的 Web 前端开发框架之一，本书采用官方 Vue3 版本。

本书积极贯彻二十大报告精神，落实德育教育，为深入实施科教兴国战略、人才强国战略、创新驱动发展战略提供服务支撑。本书中的案例，主要围绕 Web 前端领域的新技术新产业，案例内容积极向上，让学生在学习过程中，充分认识到我国发展独立性、自主性、安全性的重要性，激发学生爱国情怀。

本书以企业真实的生产项目"就业职通车"网站为中心，采用典型工作任务法将内容分为 9 个任务，并以先易后难的方式安排内容顺序，帮助读者提高对 Vue3 技术的掌握程度。

本书分为 9 个任务，共 24 个子任务。

- 任务 1 "就业职通车"网站项目初始化。本任务主要讲述了 Node.js 的安装，Visual Studio Code 编辑器和配套 Vue3 插件的安装，以及通过 npm 创建 Vite 项目的步骤。通过本任务的学习，读者可以掌握 Vue3 的安装、配置，以及项目环境的搭建。
- 任务 2 招聘岗位数据渲染。本任务通过 5 个子任务分别讲述了 Vue3 的基本知识、简单 Vue 实例的创建、文本插值、Vue 指令、属性绑定、双向数据绑定、条件渲染、列表渲染等内容。通过本任务的学习，读者会对 Vue3 有一个整体的认识与了解，并且掌握将本地数据渲染至简单页面的方法。
- 任务 3 岗位发布功能设计。本任务通过 4 个子任务讲述了 Vue3 事件监听器和事件修饰符的使用，以及事件对象$event、computed 计算属性、watch 监听器等内容。本任务结合项目的实施，使读者掌握页面简单动态效果的开发及编程思路。
- 任务 4 岗位信息异步渲染。本任务通过 2 个子任务分别讲解了 Vue 生命周期 setup()、onMounted()、onUpdated()等钩子的运行顺序及常用执行功能，以及通过 Axios 异步获取数据并渲染至页面的步骤。通过本任务的学习，读者可以掌握使用 json-server 搭建服务器端数据环境，并通过 Vue 生命周期钩子自动运行异步请求来获取服务器端数据渲染的技术。

- 任务 5 项目组件化设计。本任务主要讲解了 Vue 组件的概念及创建、组件注册及导入、父组件与子组件之间的传值技术、插槽的分类及使用方式等内容。通过本任务的学习，读者可以掌握在 Vite 环境中组件的基本使用方法，并建立初步的工程化思维。
- 任务 6 "就业服务"模块设计。本任务讲解了 Vue3 的生态系统，包括 Vue3 的官方路由 vue-router 的下载与配置、路由规则的定义与使用，以及路由嵌套、编程式路由和带参路由等技术。本任务结合项目的实施，带领读者使用 Vue 路由系统构建较为复杂的单页面应用系统。
- 任务 7 项目交互动画设计。本任务主要讲解了<transition>和<transitionGroup>动画组件的使用、自定义动画的方法、动画过程中的钩子函数、CSS 动画库的使用，让读者在渲染页面中使用恰当的动画来提升用户体验。
- 任务 8 文章数据全局管理。本任务讲解了 Vue3 的另一个生态系统，即 Vue3 的全局状态管理库 Pinia 的安装和配置及其使用方式，让读者掌握在多级嵌套组件或同一层级组件中的数据共享方式，建立复杂项目数据管理的思维。
- 任务 9 项目托管和项目发布。通过本任务的讲解和任务实施，希望读者熟悉 Gitee 仓库的创建，以及将本地项目托管到 Gitee 仓库的方法，进而掌握通过 Gitee 代码托管进行团队协作开发的能力。

本书的编写和整理工作由广东工程职业技术学院、天津中德应用技术大学、荔峰科技（广州）有限公司、广东电信规划设计院有限公司共同完成。主要参与人员有朱珍、王新强、黄玲、陆晓梅、吴森宏、莫康信、陈华荣、唐日成、韦泓妤，全书由朱珍、吴森宏统稿，黄玲、陆晓梅、莫康信审稿。

如读者在学习本书时遇到问题，可发邮件至 44511245@qq.com，我们将第一时间为您解答。在编写过程中，我们尽可能地将内容以最合适的方式呈现给读者，但难免有疏漏和不妥之处，敬请读者不吝指正。

本书中配套微课二维码（实训指导系列）根据授课需要未按照章节顺序放置，建议用书师生根据自身情况观看学习。

教材资源服务交流 QQ 群
（QQ 群号：684198104）

目 录

任务 1 "就业职通车"网站项目初始化 1

    任务 1.1 Vue 环境配置 3

        1.1.1 Vue3 介绍 10

        1.1.2 Vite 工具介绍 10

    任务 1.2 项目初始化 12

任务 2 招聘岗位数据渲染 17

    任务 2.1 招聘数据渲染 19

        2.1.1 插值语法 20

        2.1.2 v-text 指令语法 21

        2.1.3 v-html 指令语法 22

        2.1.4 v-once 指令语法 22

    任务 2.2 企业标志渲染 23

    任务 2.3 招聘表单设计 28

    任务 2.4 匿名发布渲染 32

        2.4.1 v-if 指令语法 34

        2.4.2 v-else 指令语法 35

        2.4.3 v-else-if 指令语法 36

        2.4.4 v-show 指令语法 37

        2.4.5 v-if 指令和 v-show 指令的区别 37

    任务 2.5 招聘岗位信息列表渲染 38

        2.5.1 使用 v-for 指令渲染数组 40

        2.5.2 使用 v-for 指令渲染对象 41

2.5.3　使用 v-for 指令渲染字符串 42
　　2.5.4　使用 v-for 指令渲染数字 43
　　2.5.5　v-for 指令和 v-if 指令的结合使用 44

任务 3　岗位发布功能设计 47

任务 3.1　岗位点赞功能开发 49
　　3.1.1　v-on 指令语法 52
　　3.1.2　v-on 指令的混合使用 53
　　3.1.3　$event 参数 54

任务 3.2　确认发布功能开发 55

任务 3.3　信息预览功能开发 61

任务 3.4　字符统计功能开发 64
　　3.4.1　watch 监听器的使用 68
　　3.4.2　watch 监听器参数 69
　　3.4.3　watch 监听器和 computed 计算属性的区别 70

任务 4　岗位信息异步渲染 73

任务 4.1　Vue 生命周期认识 74
　　4.1.1　生命周期钩子 76
　　4.1.2　注册生命周期钩子 76

任务 4.2　Axios 库的使用 79
　　4.2.1　mock 数据 86
　　4.2.2　vue-axios 插件 87
　　4.2.3　Axios 87

任务 5　项目组件化设计 93

任务 5.1　组件设计 94
　　5.1.1　组件基础 96
　　5.1.2　组件之间的数据通信 99

任务 5.2	点赞组件设计	103
	5.2.1 插槽	106
	5.2.2 默认内容插槽	107
	5.2.3 具名插槽	108
	5.2.4 作用域插槽	109

任务 6 "就业服务"模块设计 112

任务 6.1	"热门招聘"和"就业服务"模块导航设计	113
	6.1.1 路由介绍	119
	6.1.2 路由的使用	120
	6.1.3 路由重定向	124
	6.1.4 路由激活样式	124
	6.1.5 路由模式	125

任务 6.2	"就业服务"模块子路由设计	125
任务 6.3	"就业指导"模块文章详情页开发	134
	6.3.1 编程式路由	141
	6.3.2 带参路由	142

任务 7 项目交互动画设计 146

任务 7.1	自定义动画设计	147
	7.1.1 \<transition>和\<transitionGroup>动画组件	151
	7.1.2 动画过程中的钩子函数	154

任务 7.2	动画库的使用	157

任务 8 文章数据全局管理 163

任务 8.1	Pinia 的安装和配置	164
	8.1.1 Pinia 简介	167
	8.1.2 Pinia 核心概念	167

任务 8.2	文章数据的全局管理	168

	8.2.1 state 的定义和使用	172
	8.2.2 action 的定义和使用	175
	8.2.3 getters 的定义和使用	177

任务 9 项目托管和项目发布 181

任务 9.1 Gitee 仓库的使用 182

9.1.1 新建仓库 184

9.1.2 删除仓库 186

9.1.3 邀请团队成员 186

任务 9.2 项目打包和项目发布 187

任务 1

"就业职通车"网站项目初始化

学习目标

搭建开发环境是项目开始的第一步。在企业项目工作中,我们必须具有快速搭建项目环境的能力。本任务将带领读者搭建与配置开发环境,使用 Vite 工具创建 Vue3 项目,并完成 Vue 项目的初始化部署。

【知识目标】

- 了解 Vue 框架。
- 掌握 Vue 开发环境的安装。

【技能目标】

- 能够搭建 Vue 开发环境。

【素质目标】

- 培养细致严谨的工作态度。

项目背景

Vue 是一款友好的、多用途且高性能的 JavaScript 框架,其繁荣的生态圈提供了大量成熟的项目解决方案。使用 Vue 可以更快、更高效地开发项目,因此它被广泛应用于 Web 前端、移动端及跨平台的应用开发中,使用场景十分广泛。

本项目主要开发一个面向高校应届毕业生的就业网，即"就业职通车"网站。该网站可以实现就业政策解读、招聘信息浏览、简历投递等功能，以更充分、更高质量地推动应届毕业生就业。

 任务规划

本任务要求搭建与配置开发环境，使用 Vite 工具创建 Vue3 项目，并使用 Vue3 框架实现"就业职通车"网站项目的布局与样式设置。"就业职通车"网站首页效果如图 1-1 所示。

图 1-1 "就业职通车"网站首页效果

任务 1.1　Vue 环境配置

1-1 任务 1 初识 Vue

1-2 任务 1 环境搭建

【任务陈述】

本任务要求配置 Vue 项目所必需的开发环境，并初始化 Vue 项目。具体任务目标如下。

- 配置 Vue 项目所必需的开发环境，包括 Node.js 环境、Visual Studio Code 编辑器、Vite 工具等。
- 在 "http://127.0.0.1:5173/" 地址中初始化并渲染 Vue 项目，其渲染效果如图 1-2 所示。

图 1-2　Vue 项目的渲染效果

【任务分析】

本任务要求搭建 Vue 项目所必需的环境，并初始化和渲染项目。本任务具体的实施流程如图 1-3 所示。

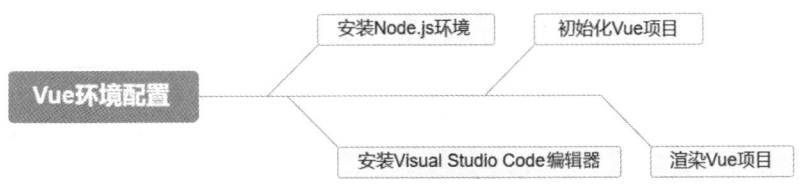

图 1-3　任务实施流程

【任务实施】

步骤一、安装 Node.js 环境

Node.js 是一个开源的、跨平台的 JavaScript 运行时环境，具有独特的优势，即为浏览器编写 JavaScript 的前端开发者现在不需要学习各种不同的语言，就可以编写除客户端代码之外的服务器端代码。npm 是随同 Node.js 一起安装的包管理工具，并以简单的结构帮助 Node.js 生态系统蓬勃发展，现在 npm 仓库托管了超过 1 000 000 个开源包。接下来，我们介绍如何安装 Node.js 环境。

（1）打开 Node.js 官网下载页面，根据个人系统情况下载不同版本的 Node.js，如图 1-4 所示。下面以在 Windows 系统上下载和安装 Node.js 为例进行介绍。

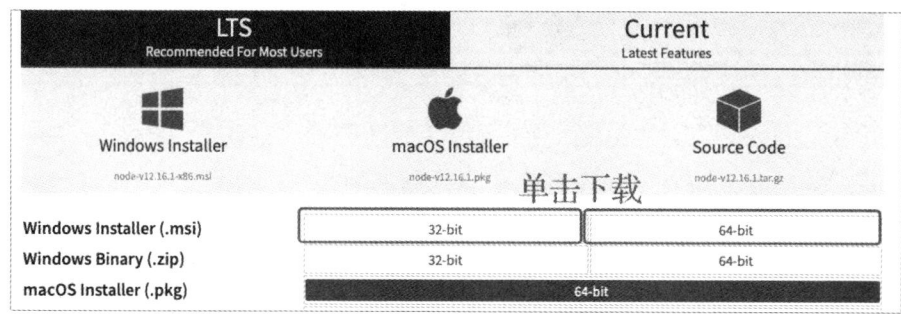

图 1-4　Node.js 官网下载页面

（2）双击下载后的安装包，单击 "Run" 按钮进行安装，如图 1-5 所示。

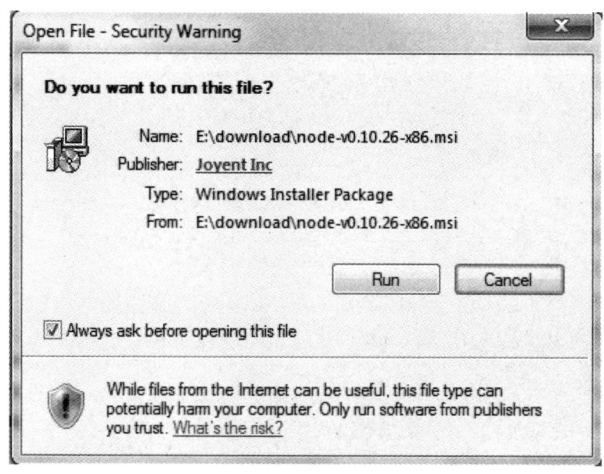

图 1-5　Node.js 安装

（3）在如图 1-6 所示的界面中，勾选 "I accept the terms in the License Agreement" 复选框，接受用户协议，单击 "Next" 按钮。

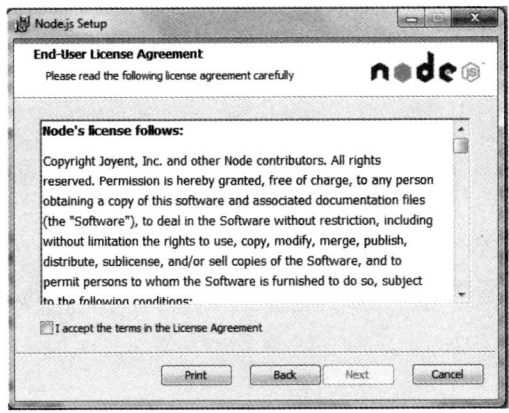

图 1-6　接受用户协议

（4）在如图 1-7 所示的界面中，Node.js 默认安装路径为"C:\Program Files\nodejs\"，我们可以通过单击"Change"按钮来修改安装路径，并单击"Next"按钮。

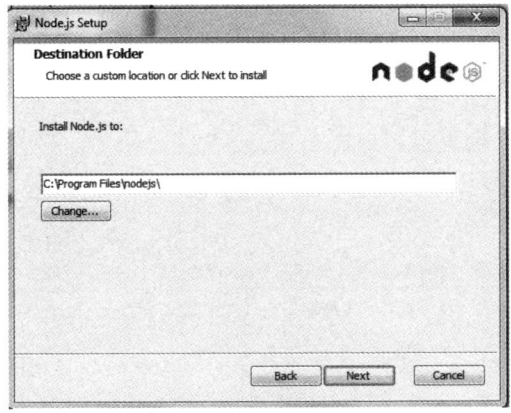

图 1-7　选择安装路径

（5）在如图 1-8 所示的界面中，我们可以通过单击树形图标来选择需要安装的功能选项，并单击"Next"按钮。

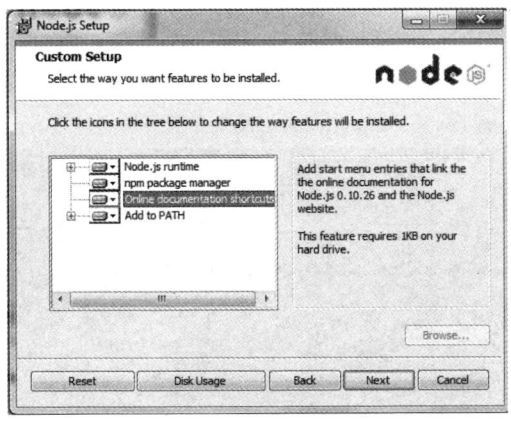

图 1-8　选择需要安装的功能选项

（6）单击"Back"按钮可以修改之前的配置，单击"Install"按钮可以开始安装 Node.js，而安装完成后单击"Finish"按钮，则会退出安装向导，如图 1-9 所示。

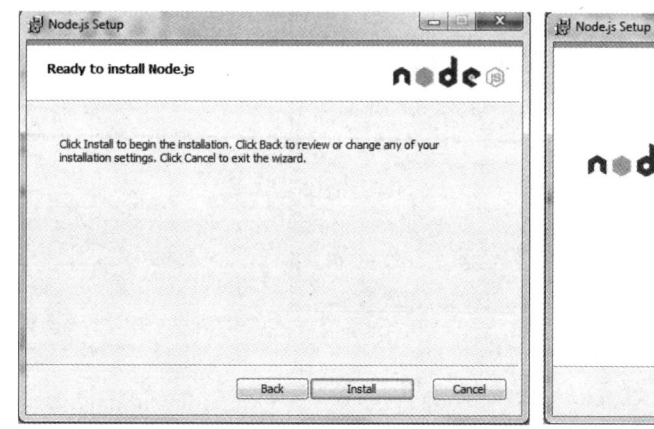
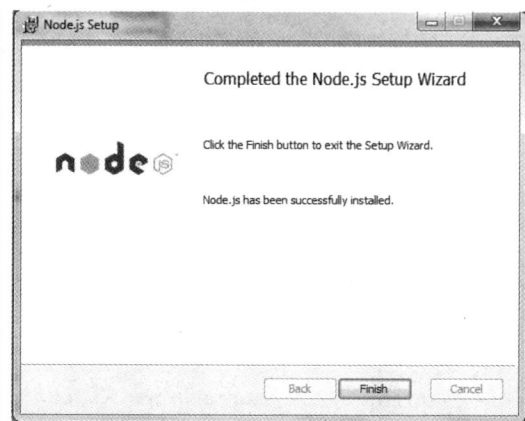

图 1-9　Node.js 安装与退出

（7）安装完成之后，检测 PATH 环境变量是否配置了 Node.js。在桌面中单击"开始"菜单按钮，在菜单中选择"运行"选项，弹出"运行"对话框，输入"cmd"命令，单击"确定"按钮。在弹出的命令提示符窗口中，输入"path"命令，按 Enter 键输出如下结果。

```
C:\WINDOWS\system32;
C:\WINDOWS;
C:\WINDOWS\System32\Wbem;
C:\WINDOWS\System32\WindowsPowerShell\v1.0\;
C:\Program Files\nodejs\;
```

上面输出结果为本机环境变量的配置，我们可以看到环境变量中已经包含了 C:\Program Files\nodejs\，说明环境变量在安装 Node.js 的过程中已经配置成功。

（8）最后，检测 Node.js 和 npm 的版本号。在桌面中单击"开始"菜单按钮，在菜单中选择"运行"选项，弹出"运行"对话框，输入"cmd"命令，单击"确定"按钮。在弹出的命令提示符窗口中，分别输入"node -v"和"npm -v"命令并按 Enter 键，如果输出如图 1-10 所示的结果，则说明 Node.js 和 npm 环境安装成功。

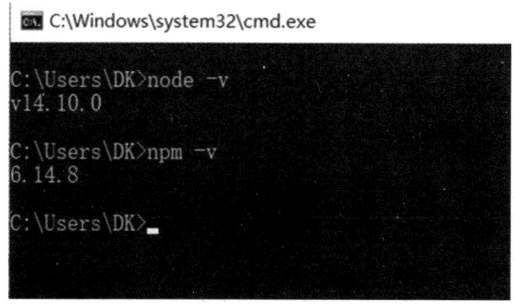

图 1-10　检测 Node.js 和 npm 的版本号

步骤二、安装 Visual Studio Code 编辑器

Visual Studio Code 简称为 VS Code，是 Microsoft 在 2015 年 4 月 30 日的 Build 开发者大会上正式宣布的一个运行于 Mac OS X、Windows 和 Linux 之上的，针对编写现代 Web 和云应用的跨平台源代码编辑器，可在桌面上运行，并且可用于 Windows、Mac OS X 和 Linux。它具有对 JavaScript、TypeScript 和 Node.js 的内置支持，并具有丰富的其他语言（例如，C++、C#、Java、Python、PHP、Go 等）和运行时扩展的生态系统（例如，.NET 和 Unity）。本书主要使用 Visual Studio Code 编辑器完成代码编写，下面介绍该软件的安装和插件配置。

（1）打开 Visual Studio Code 官网首页，在如图 1-11 所示的下载列表中，选择自己系统对应的版本进行下载。其中，"Stable"表示稳定版，"Insiders"表示预览版。

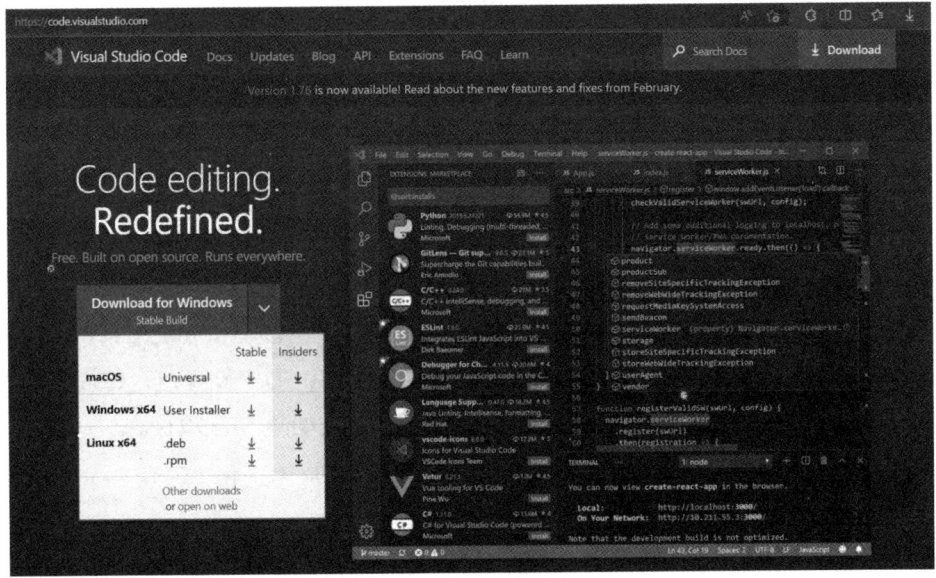

图 1-11　Visual Studio Code 官网首页

（2）双击打开安装包，选中"我接受协议"单选按钮，根据提示单击"下一步"按钮进行逐步安装即可，如图 1-12 所示。

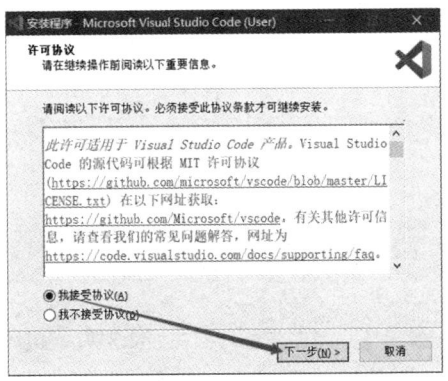

图 1-12　Visual Studio Code 安装过程

（3）安装完 Visual Studio Code 后还需要下载 Vue Language Features 插件。在 Visual Studio Code 中，单击右侧的"拓展"按钮（快捷键：Ctrl+Shift+X），搜索"Vue Language Features"插件，单击"安装"按钮进行下载与安装，如图 1-13 所示。

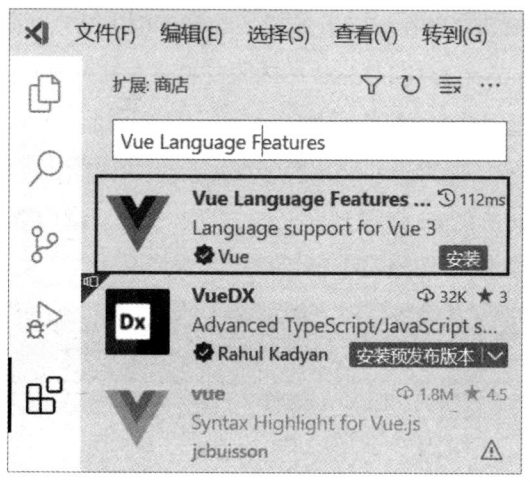

图 1-13　拓展插件

步骤三、初始化 Vue 项目

npm 的全称为 Node Package Manager，是一个 Node.js 包管理和分发工具，已成为非官方的发布 Node 模块（包）的标准。npm 已帮助发布了 130 万个软件包，每周下载量超过 160 亿次！接下来，我们将通过 npm 下载 Vite 工具，并初始化 Vue 项目。

（1）在 Visual Studio Code 中新建项目文件夹，在菜单栏中选择"终端"→"新建终端"选项，打开 Visual Studio Code 的终端窗口，如图 1-14 所示。

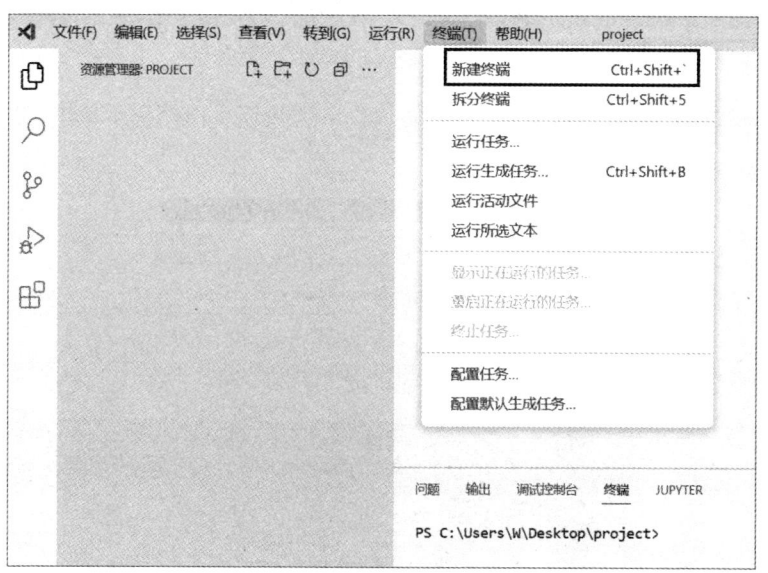

图 1-14　打开 Visual Studio Code 的终端窗口

（2）在 Visual Studio Code 的终端窗口中使用"npm init vite@latest"命令搭建一个 Vite 项目，如图 1-15 所示。Vite 是 Vue 的作者尤雨溪在开发 Vue3.0 时研发的一个基于原生 ES-Module 的前端构建工具，能够帮助用户快速搭建和发布 Vue 项目。

图 1-15　搭建 Vite 项目

（3）输入项目名称，如图 1-16 所示。

图 1-16　输入项目名称

（4）选择项目所使用的框架。我们可以通过键盘上的方向键进行框架的选择，并按 Enter 键确定选择，如图 1-17 所示。

```
√ Project name: ... vite-project
? Select a framework: » - Use arrow-keys. Return to submit.
    Vanilla
>   Vue
    React
    Preact
    Lit
    Svelte
    Others
```

图 1-17　选择项目框架

（5）选择项目所使用的编程语言，在此我们选择"JavaScript"语言，如图 1-18 所示。

```
√ Select a framework: » Vue
? Select a variant: » - Use arrow-keys. Return to submit.
>   JavaScript
    TypeScript
    Customize with create-vue ↗
    Nuxt ↗
```

图 1-18　选择编程语言

（6）完成配置选择之后，我们可以通过如下命令进入项目的目录，安装项目所依赖的包，如图 1-19 所示。

```
√ Select a variant: » JavaScript
Scaffolding project in C:\Users\WSH\Desktop\project\vite-project...

Done. Now run:

  cd vite-project
  npm install
  npm run dev
```

图 1-19　安装依赖包

📝 步骤四、渲染 Vue 项目

安装完项目依赖包之后，我们在终端窗口中继续输入"npm run dev"命令，项目便渲染至"http://127.0.0.1:5173/"地址中了，如图 1-20 所示。

```
VITE v4.2.1  ready in 670 ms

→ Local:   http://127.0.0.1:5173/
→ Network: use --host to expose
→ press h to show help
```

图 1-20　渲染 Vue 项目

【知识链接】

1.1.1　Vue3 介绍

随着 Vue3 的发布和各大厂商的跟进，目前 Vue3 的生态已经越来越完善，许多项目也由原有的 Vue2 迁移至 Vue3。与 Vue2 相比，Vue3 有着多方面优势。

1．更优的性能

Vue3 性能比 Vue2 快 1 至 2 倍；性能的提升主要通过响应式系统的提升（Vue3 使用 proxy 对象重写响应式），以及编译的优化（例如，重写虚拟 DOM、优化 Diff 算法）来完成。

2．更小的体积

Vue3 移除了一些不常用的 API，并采用按需打包的方式，使打包的体积更小。

3．支持组合 API

Vue2 使用选项 API，而 Vue3 支持组合 API，使代码构建更加灵活、更易复用。

4．更好地支持 TypeScript

Vue3 良好地支持了 TypeScript 语言。类型校验成为 Vue3 进行大型项目开发的质量保障，同时这也是面向前端的未来趋势。

5．提供了更先进的组件

Vue3 中提供了 Fragment、Teleport、Suspense 等新组件。

1.1.2　Vite 工具介绍

Vite 号称是下一代的前端开发和构建工具，目前已经在前端社区中逐步流行起来。与传统的 webpack 构建相比，Vite 在性能和速度上都有了质的提高。使用 Vite 工具构建的项目在项目根目录中存在一个 vite.config.js 配置文件，通过该文件能够对项目进行相关配置。

1. 端口设置

Vite 默认将 Vue 项目渲染至 5173 端口，我们可以通过 vite.config.js 配置文件，对其渲染端口进行修改。在 vite.config.js 配置文件中添加如下代码，即可修改项目渲染端口。

```
import { defineConfig } from 'vite'
import vue from '@vitejs/plugin-vue'
export default defineConfig({
    plugins: [vue()],
    server:{
    //将项目渲染端口修改为 9999
    port:9999
    }
})
```

2. 监听地址设置

通过 host 属性能够指定服务器应该监听哪个 IP 地址。例如，将监听的 IP 地址修改为"127.0.0.2"，具体如下。

```
import { defineConfig } from 'vite'
import vue from '@vitejs/plugin-vue'
export default defineConfig({
    plugins: [vue()],
    server:{
     //修改项目渲染端口为 9999
    port:9999,
    //修改 IP 地址
    host:"127.0.0.2"
    }
})
```

3. 应用自启动设置

配置"open:true"选项，能够在开发服务器启动时，自动在浏览器中打开应用程序。

```
import { defineConfig } from 'vite'
import vue from '@vitejs/plugin-vue'
export default defineConfig({
    plugins: [vue()],
    server:{
    //将项目渲染端口修改为 9999
```

```
        port:9999,
        //修改 IP 地址
        host:"127.0.0.2",
        open:true
        }
})
```

以上介绍的都是 Vite 中的一些基础配置，读者在项目的设计和发布过程中会陆续接触到更多的 Vite 配置内容，可以前往 Vite 的官网进行进一步的了解和学习。

任务 1.2 项目初始化

1-3 任务 1 如何使用 Vue

【任务陈述】

本任务要求根据项目素材，将 Vue 项目改写为如图 1-1 所示的样式。

【任务分析】

本任务需要读者对 Vue 项目结构有所了解。该项目页面主要由 HTML 布局代码、CSS 样式代码、JavaScript 脚本代码，以及图片文件等组成，如何将这些原始素材放置在 Vue 项目的合理位置是项目实施的关键点。

【任务实施】

步骤一、部署 HTML 代码

（1）清空 App.vue 文件中的默认代码并输入如下代码。

```
<template></template>
<script></script>
<style></style>
```

App.vue 是项目根组件，项目中所有组件都被加载至该组件中进行渲染和展示。其中，<template>标签主要用于部署 HTML 代码，<script>标签主要用于部署 JavaScript 脚本代码，<style>标签用于部署样式代码。

（2）将素材中的 HTML 代码复制到<template>标签中。

步骤二、部署 CSS 代码

（1）将素材中的 bootstrap.css 文件复制到项目的 assets/css 目录中。

Vue 静态资源可以通过两种方式进行处理，具体如下。

- 在<script>标签中导入,以及在<template>标签中通过相对路径进行引用。这类引用经过打包处理,将资源放在 assets 目录中。
- 放置在 public 目录下或通过绝对路径进行引用。这类引用会直接对资源进行复制,而不会经过打包处理。

Vue 更推荐将资源作为模块依赖的一部分导入项目中,这样脚本和样式表会被压缩且打包在一起,从而避免额外的网络请求。

(2)App.vue 文件中的<style>标签主要用于部署样式代码,可以在<style>标签中导入素材中的 CSS 样式文件。

```
<template></template>
<script></script>
<style>
    @import "./assets/css/bootstrap.css"
</style>
```

步骤三、部署图片文件

(1)将素材中的图片文件复制到项目的 assets/img 目录中。

(2)在 Visual Studio Code 编辑器中打开终端窗口,输入"npm run dev"命令渲染项目,此时便可以看到项目被成功渲染了。

【知识链接】

本任务仅包含 Vue 项目结构知识点。

一个 Vue 项目包括如图 1-21 所示的文件和目录,下面对其中的主要文件和目录进行介绍。

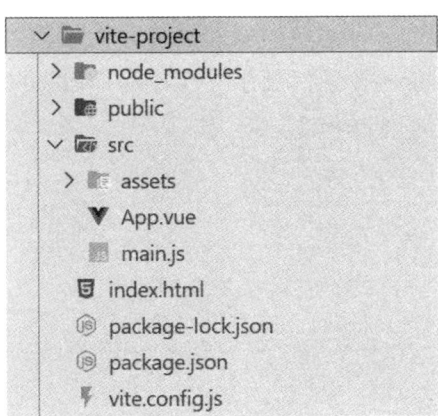

图 1-21 Vue 项目结构

1. node_modules 目录

它是 npm 加载的项目依赖模块。

2. public 目录

public 是一个静态资源目录，在项目打包时，不会对该目录下的资源进行编译。

3. assets 目录

assets 同样是静态资源目录，在项目打包时，会对该目录下的资源进行编译。

4. App.vue

App.vue 是项目根组件，项目中所有组件都被加载至该组件中进行渲染和展示。

5. main.js

它是项目的核心文件，主要起到配置项目所必需的插件、实例化 Vue 等作用。创建完项目后，main.js 文件中会有默认的配置。

```
//导入 createApp 包
import { createApp } from 'vue'
//导入 App.vue 组件
import App from './App.vue'
//使用 createApp 函数将 App.vue 组件渲染至 index.html 文件的'id=app'节点上
createApp(App).mount('#app')
```

6. index.html

它是 Vite 项目的入口文件。

7. package.json

它是项目配置文件。package.json 文件其实就是对项目或模块包的描述，里面包含许多元信息，如项目名称、项目版本、项目执行入口文件、项目贡献者等。使用 npm install 命令可以根据这个文件下载所有依赖模块。

8. vite.config.js

它是 Vite 工具的配置文件。

任务总结与拓展

通过该任务的实施，读者可以掌握 Vue3 框架，以及 Vue3 项目的搭建过程。因为不同计算机的环境存在差异，在项目环境的搭建过程中难免遇到一些不同的问题，需要读者认真细致,保持严谨的工作态度,排除错误问题,积累项目经验。同时,读者还可以掌握 Vue 项目结构和基础代码的部署方法,并对 Vue 项目中各文件和目录的作用熟记于心,以便可以合理部署资源,进行正确的代码书写。

通过本任务的学习,读者应对 Vue 有一个整体的认识,并能进行简单 Vue 项目的部署。

❓【思考】当项目默认的运行端口 5173 被占用时,如何修改项目运行端口?

❓【思考】当使用"npm run dev"命令渲染 Vue 项目时,如何在浏览器中自动打开编译页面?

课后练习

1. 选择题

(1) 下列关于 Vue3 的说法错误的是(　　)。

    A. Vue3 能更好地支持 TypeScript

    B. Vue3 打包的体积更小

    C. Vue3 性能比 Vue2 快 1 至 2 倍

    D. Vue3 新增了选项式 API

(2) 下列关于 Vue 项目结构的说法错误的是(　　)。

    A. App.vue 是项目根组件

    B. vite.config.js 文件其实就是对项目或模块包的描述

    C. assets 是静态资源目录,在项目打包时,会对该目录下的资源进行编译

    D. public 是静态资源目录,在项目打包时,不会对该目录下的资源进行编译

(3) 下列选项中,用于安装 Vue 的正确命令是(　　)。

    A. npm install vue

    B. npm create vue

    C. npm create vite@latest

    D. npm init vue

2. 填空题

(1) _____命令可用于安装 Vite 工具。

(2) _____命令可用于渲染 Vue 项目。

(3) 在 App.vue 文件中,样式代码放置于_____标签中。

3. 判断题

(1) 安装 Node.js 环境时会自动安装 npm 包管理工具。　　　　　　　　　　　　(　　)

（2）在 vite.config.js 文件中可以配置项目监听端口。　　　　　　（　　）

（3）在 package.json 文件中可以配置项目 IP 地址。　　　　　　　（　　）

4．简答题

（1）请简述 Vue3 框架的优势。

（2）请简述 Vue 项目中的主要文件和目录，以及它们的用途。

任务 ❷
招聘岗位数据渲染

学习目标

Vue 不但改善了前端的开发体验，还极大地提高了开发效率。如何快速地将后台数据渲染至页面中，是本任务主要学习的知识。本任务将对 Vue 的基础知识进行讲解，内容包括数据的绑定、数据的渲染等。

【知识目标】

- 掌握通过 Vue 插值语法绑定数据的方法。
- 掌握 v-text 和 v-html 指令的使用方法。
- 掌握 v-bind 属性绑定指令的使用方法。
- 了解 Vue 的双向数据绑定模式。
- 掌握 v-model 指令的使用方法。
- 掌握 Vue 的条件渲染、列表渲染。

【技能目标】

- 能够熟练使用渲染指令构建网页。
- 能够熟练运用 Vue 基础知识创建 Vue 实例。

【素质目标】

- 注意细节，提升个人的审美能力。
- 在创作过程中，坚定文化自信，激发爱国主义情感。

项目背景

"就业职通车"网站最重要的功能当属"热门招聘"模块。人们可以通过该模块查询到当前各企业的招聘信息,同时企业也能在该网站中发布自己的招聘岗位信息。该模块主要完成企业招聘信息录入、招聘岗位发布,以及岗位信息展示等功能。

任务规划

本任务要求实现"就业职通车"网站中的"热门招聘"模块,其中使用 Vue3 框架实现"热门招聘"模块中招聘信息填写、招聘岗位信息渲染等功能的布局与样式设置。"热门招聘"模块效果如图 2-1 所示。

图 2-1 "热门招聘"模块效果

任务 2.1　招聘数据渲染

实训指导 2

【任务陈述】

本任务需要完成"热门招聘"模块中招聘简介部分。读者通过该任务掌握使用 Vue 插值语法绑定数据的方法。本任务实现效果如图 2-2 所示。

"就业职通车"网站主要面向高校应届毕业生，实现就业政策解读、招聘信息浏览、简历投递等功能，以更充分、更高质量地推动应届毕业生就业。

图 2-2　招聘简介效果

【任务分析】

本任务需要将"热门招聘"模块中招聘简介数据通过数据绑定的方式显示在界面上。任务流程如图 2-3 所示。

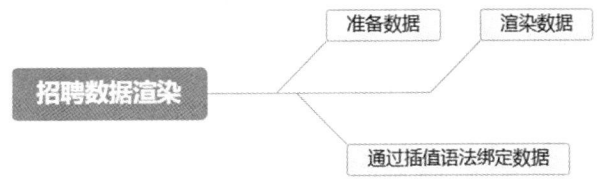

图 2-3　任务流程

【任务实施】

步骤一、准备数据

在<script>标签中准备页面数据。

```
<script setup>
import { ref } from 'vue'
import "./assets/css/bootstrap.css"
const article = ref("“就业职通车”网站主要面向高校应届毕业生，实现就业政策解读、招聘信息浏览、简历投递等功能，以更充分、更高质量地推动应届毕业生就业。")
</script>
```

📝 步骤二、通过插值语法绑定数据

通过插值{{ }}语法将文章数据渲染至页面中。

```
<template>
    <!-- 页面容器 -->
    <div class="container">
        <main>
            <!-- 文章内容 -->
            <div class="py-5 text-center">
                <img class="d-block mx-auto " src="assets/img/logo.png">
                <p class="lead">
                    {{ article }}
                </p>
            </div>
        </main>
    </div>
</template>
```

📝 步骤三、渲染数据

在控制台中通过 npm run dev 命令运行项目，渲染效果如图 2-2 所示。

【知识链接】

2.1.1 插值语法

数据绑定最常见的形式就是使用 {{...}}（双大括号）的文本插值。其语法如下。

```
<p>{{ message }}</p>
```

【例 2-1】插值渲染实例。代码如下。

```
<template>
  <div id="app">
    <div>
      <p>姓名: {{ newPerson.name }}</p>
      <p>年龄: {{ newPerson.age }}</p>
      <p>{{newPerson.school.schoolName}}-{{ newPerson.school.grade }}</p>
      <p>家庭成员:{{ newPerson.family.toString() }}</p>
    </div>
  </div>
</template>
<script setup>
```

```
    import { reactive } from 'vue'
    const newPerson = reactive({
        name: "小明",
        age: 7,
        school: {
            schoolName:"天天小学",
            grade: "一年级"
        },
        family: ["爷爷","奶奶","爸爸","妈妈"]
    })
</script>
<style scoped>
    #app {
        color: red;
    }
</style>
```

插值渲染效果如图 2-4 所示。

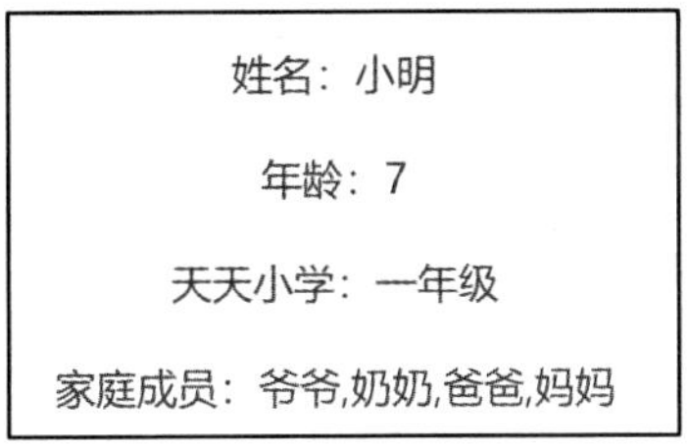

图 2-4　插值渲染效果

2.1.2　v-text 指令语法

v-text 指令用于操作纯文本，可以代替显示对应的数据对象上的值。当绑定的数据对象上的值发生改变时，插值处的内容也会随之更新。读者可以将其理解为 JavaScript 中的 innerText()方法。

【例 2-2】v-text 指令渲染实例。代码如下。

```
<template>
    <div id="app">
        <div v-text="textStr"></div>
    </div>
</template>
<script setup>
import { ref } from 'vue'
```

```
const textStr= ref('<a style="color:red">红色</a>')
</script>
```

代码运行效果如图 2-5 所示。

<a style='color:red'>红色</a>

图 2-5　v-text 指令渲染效果

从图 2-4 中可知，v-text 指令并不能渲染 HTML 标签，而是将字符串原样输出到界面中。如果要将字符串渲染为 HTML 标签，则需要使用 v-html 指令。

2.1.3　v-html 指令语法

v-html 指令可用于 HTML 标签的渲染，类似于 JavaScript 中的 innerHTML()方法。例如，我们将上一个案例代码，通过 v-html 指令进行渲染。

【例 2-3】v-html 指令渲染实例。代码如下。

```
<template>
  <div id="app">
    <div v-html="htmlStr"></div>
  </div>
</template>
<script setup>
import { ref } from 'vue'
const htmlStr= ref('<a style="color:red">红色</a>')
</script>
```

代码运行效果如图 2-6 所示。

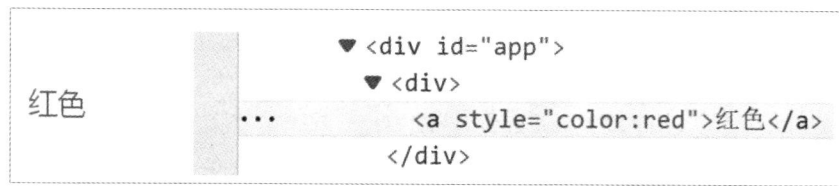

图 2-6　v-html 指令渲染效果

注意：在网站上动态渲染任意 HTML 是非常危险的，因为容易导致 XSS 攻击，所以读者在设计网页界面时只在可信内容上使用 v-html 指令，不能用在用户提交的内容上。

2.1.4　v-once 指令语法

v-once 指令只渲染元素和组件一次。随后的重新渲染，元素或组件及其所有的子节点都被视为静态内容并跳过。

【例 2-4】v-once 指令语法实例。代码如下。

```
<template>
  <div id="app">
      <div v-once>{{num}}</div>
      <button v-on:click="add">num自增</button>
  </div>
</template>
<script setup>
import {ref} from 'vue'
const num = ref(1)
function add(){
    num++
}
</script>
```

代码运行效果如图 2-7 所示。单击"num 自增"按钮，v-once 指令绑定的标签内容并不会随之改变，说明 v-once 指令对数据仅进行了一次渲染。

图 2-7 v-once 指令渲染效果

任务 2.2　企业标志渲染

实训指导 3

【任务陈述】

Vue 中的数据绑定功能极大地提高了开发效率。如果读者想要在"最新岗位"模块中完成企业标志的渲染效果，就需要掌握 v-bind 指令属性绑定的方法。本任务实现效果如图 2-8 所示。

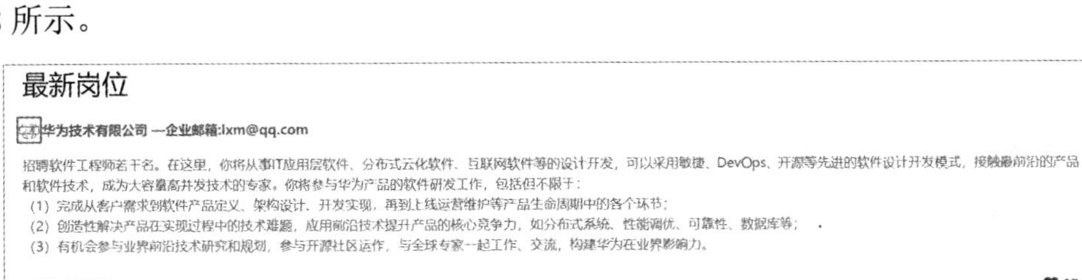

图 2-8　企业标志渲染效果

【任务分析】

本任务需要完成"最新岗位"模块中企业标志的渲染效果。任务流程如图 2-9 所示。

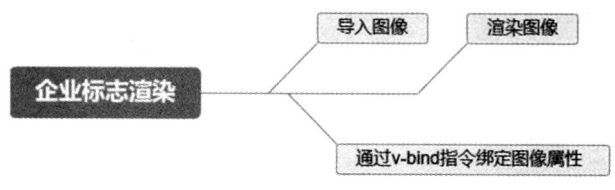

图 2-9 任务流程

【任务实施】

步骤一、导入图像

在"热门招聘"模块的基础上,通过 import 命令将图像导入。

```
<script setup>
import { reactive,ref } from 'vue'
import "./assets/css/bootstrap.css"
import avatar_biaozhi1 from "./assets/img/biaozhi1.png"   //企业标志图片
import avatar_biaozhi2 from "./assets/img/biaozhi2.png"   //企业标志图片
const styleclass = reactive({
    avatar_biaozhi1,
    avatar_biaozhi2
})
const messageList = ref([                                  //岗位数据
{
    "id": 110,
    "email": "lxm@qq.com",
    "name": "华为技术有限公司",
    "content": "招聘软件工程师若干名。在这里,你将从事IT应用层软件、分布式云化软件、互联网软件等的设计开发,可以采用敏捷、DevOps、开源等先进的软件设计开发模式,接触最前沿的产品和软件技术,成为大容量高并发技术的专家。",
    "scale": 1,
    "support": 37,
    "has_sup": true,
    "time": 1678949430654
},
{
    "id": 111,
    "email": "xxt@sina.com",
```

```
            "name": "腾讯科技（深圳）有限公司",
            "content": "招聘前端工程师10人，负责计费营销SaaS业务的前端开发工作，通过前端
工程化、组件化、可视化的方法，实现前端UI表现和前端逻辑组件的快速生成。",
            "scale": 1,
            "support": 60,
            "has_sup": true,
            "time": 1675234219856
        },
        {
            "id": 112,
            "email": "zqq@163.com",
            "name": "网之易信息技术（上海）有限公司",
            "content": "招聘运维工程师5人，负责IDC现场维护工作，保证基础设施正常运营环
境，确保服务器等硬件设备稳定高效运行。本科或以上学历，计算机及相关专业，2年以上相关工作经验。",
            "scale": 1,
            "support": 46,
            "has_sup": true,
            "time": 1665284870606
        }
    ])
</script>
```

步骤二、通过 v-bind 指令绑定图像属性

将企业标志属性通过 v-bind 指令进行绑定，并根据数据渲染出不同企业的标志。

```
<template>
  <div class="d-flex text-muted mb-3">
    <div class=" border-bottom col-md-12">
      <img :src="messageList[0].scale==0?avatar_biaozhi1:avatar_biaozhi2" alt="" width="24" height="24">
      <strong class="text-gray-dark">{{messageList[0].name}}</strong>
      <p>{{messageList[0].content}}</p>
    </div>
  </div>
  <div class="d-flex text-muted mb-3">
    <div class=" border-bottom col-md-12">
      <img :src="messageList[1].scale==0?avatar_biaozhi1:avatar_biaozhi2" alt=""  width="24" height="24">
      <strong class="text-gray-dark">{{messageList[1].name}}</strong>
      <p>{{messageList[1].content}}</p>
```

```
        </div>
      </div>
      <div class="d-flex text-muted mb-3">
        <div class=" border-bottom col-md-12">
          <img :src="messageList[2].scale==0?avatar_biaozhi1:avatar_biaozhi2"
alt="" width="24" height="24">
          <strong class="text-gray-dark">{{messageList[2].name}}</strong>
          <p>{{messageList[2].content}}</p>
        </div>
      </div>
    </template>
```

我们通过 src="messageList[0].scale==0?avatar_biaozhi1:avatar_biaozhi2"的三元表达式对不同企业的标志进行区分渲染。与直接引用图片地址的方式相比，属性绑定更有利于我们后期的数据维护，一旦标志地址发生改变，我们只需在 import 指令中重新选择正确的图片路径即可。

✎ 步骤三、渲染图像

在终端窗口中通过 vue run dev 命令进行输出渲染，并查看渲染效果。

v-bind 指令能够动态地绑定一个或多个属性值。与单向数据绑定相比，v-bind 指令主要用于属性的绑定。合理应用 v-bind 指令，能够为后期的数据维护提供极大的便利。

【知识链接】

本任务仅包含 v-bind 指令语法的相关知识。

v-bind 指令主要用于响应式地更新 HTML 属性。如果要在元素节点的属性上绑定 Vue 的数据，则需要使用 v-bind 指令来实现，而不能直接使用{{ }}插入值语法来实现。

v-bind 指令可以给元素的属性赋值，以便实现属性单向数据绑定。v-bind 指令语法如下。

```
v-bind:属性名=[变量名]
```

例如：

```
v-bind:title="message"
```

"v-bind:"可以缩写为":"符号，因此上述代码也可以缩写为：

```
:title="message"
```

v-bind 指令常用于绑定标签属性、样式等，支持绑定数值、字符串、数组、对象或一个表达式。

例如：

```html
<!-- 绑定一个属性 -->
<img v-bind:src="imageSrc">
<!-- 动态属性名 -->
<button v-bind:[key]="value"></button>
<!-- 缩写形式 -->
<img :src="imageSrc">
<!-- 动态属性名缩写 -->
<button :[key]="value"></button>
<!-- 内联字符串拼接 -->
<img :src="'/path/to/images/' + fileName">
<!-- class 绑定 -->
<div :class="{ red: isRed }"></div>
<div :class="[classA, classB]"></div>
<div :class="[classA, { classB: isB, classC: isC }]"></div>
<!-- style 绑定 -->
<div :style="{ fontSize: size + 'px' }"></div>
<div :style="[styleObjectA, styleObjectB]"></div>
<!-- 绑定一个全是属性的对象 -->
<div v-bind="{ id: someProp, 'other-attr': otherProp }"></div>
```

【例2-5】v-bind 指令使用案例。通过 v-bind 指令将类名绑定至 class 属性中，具体如下。

```html
<template>
  <div id="app">
    <p v-bind:class="styleclass.a">v-bind用于属性绑定</p>
  </div>
</template>
<script setup>
import { reactive } from 'vue'
const styleclass = reactive({
        a:"styleA",
        b:"styleB"
})
</script>
<style scoped>
  .styleA{color: red;}
  .styleB{color: blue;}
</style>
```

渲染 Vue 得到如图 2-10 所示的效果，class 样式名为 styleA。

图 2-10　v-bind 指令使用效果

任务 2.3　招聘表单设计

实训指导 4

【任务陈述】

本任务需要完成"热门招聘"模块中"岗位发布"表单的页面渲染效果。读者通过实现该任务，从而掌握 v-model 指令的使用方法，实现双向数据绑定。本任务实现效果如图 2-11 所示。

图 2-11　"岗位发布"表单渲染效果

【任务分析】

为了完成"热门招聘"模块中"岗位发布"表单的页面渲染效果，本任务需要将表单中的信息进行数据绑定。任务流程如图 2-12 所示。

任务 2 招聘岗位数据渲染

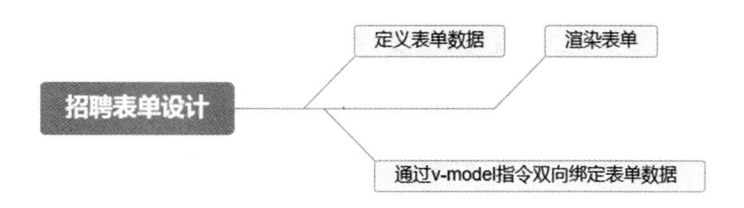

图 2-12 任务流程

【任务实施】

步骤一、定义表单数据

在"热门招聘"模块中定义岗位信息数据。

```
<script setup>
import { ref } from 'vue'
import avatar_biaozhi1 from "./assets/img/biaozhi1.png"
import avatar_biaozhi2 from "./assets/img/biaozhi2.png"
const message = reactive({
    id: "",
    email: "",
    name: "",
    content: "",
    scale: 0
})
</script>
```

步骤二、通过 v-model 指令双向绑定表单数据

（1）将 name 属性绑定至页面表单中。

```
<input type="text" class="form-control active" id="name" placeholder="请输入企业名称" required v-model="message.name">
```

（2）将 email 属性绑定至页面表单中。

```
<input type="email" class="form-control" style="width: 80%;" id="email" placeholder="name@email.com" required v-model="message.email">
```

（3）将 scale 属性绑定至页面表单中。因为"企业规模"选项框是 radio 类型的，是否选中需要通过其 checked 属性进行判定，所以我们需要使用 v-model 指令绑定 checked 属性，并进行选中与否的判断。

```
<!-- 企业规模：上市企业单选按钮 -->
<input id="male" name="scale" type="radio" class="form-check-input" required value="1" v-model="message.scale">上市企业
```

```
        <!-- 企业规模：非上市企业单选按钮 -->
        <input id="female" name="scale" type="radio" class="form-check-input"
value="0" v-model="message.scale">非上市企业
```

（4）将 content 属性绑定至页面表单中。

```
        <textarea class="form-control" name="" id="" cols="30" rows="5"
placeholder="请输入招聘岗位信息和要求" v-model="message.content">
        </textarea>
```

步骤三、渲染表单

"岗位发布"表单的渲染效果可以通过 npm run dev 命令来查看。

在网页表单中输入数据，当页面数据发生变化时，message 中的数据也一并发生变化。将 message 中的数据进行更改并保存，页面的数据也将同步发生变化。由此可见，本任务通过 v-model 指令实现了表单的双向数据绑定。

【知识链接】

本任务仅包含 v-model 指令语法的相关知识。

在原生 JavaScript 的项目中，要获取用户在文本框中输入的内容，需要通过 DOM 对象的方式。

在 Vue 项目中则不用这么烦琐，因为 Vue 通过 v-model 指令可以实现数据的双向绑定。像文本框、单选按钮、复选框等类型的输入控件都可以通过 v-model 指令绑定其 value 值，实现双向数据绑定。所谓双向绑定，指的是 Vue 实例中的数据与其渲染的 DOM 元素的内容保持一致，无论谁被改变，另一方会相应地更新为相同的数据。

（1）使用 v-model 指令对单行文本框的<input>元素进行数据绑定，格式如下。

```
        <input v-model="text">
```

【例 2-6】使用 v-model 指令对单行文本框进行数据绑定的案例。

```
        <template>
          <div id="app">
            <p>{{ message }}</p>
            <input type="text" v-model="message">
          </div>
        </template>
        <script setup>
        import { ref } from 'vue'
        const message= ref('Hello world')
        </script>
```

代码运行效果如图 2-13 所示。当修改文本框中的 value 值时，p 容器中的内容也随之发生变化。由此可见，当修改文本框中的内容时，message 中的内容也发生了相应的变化。

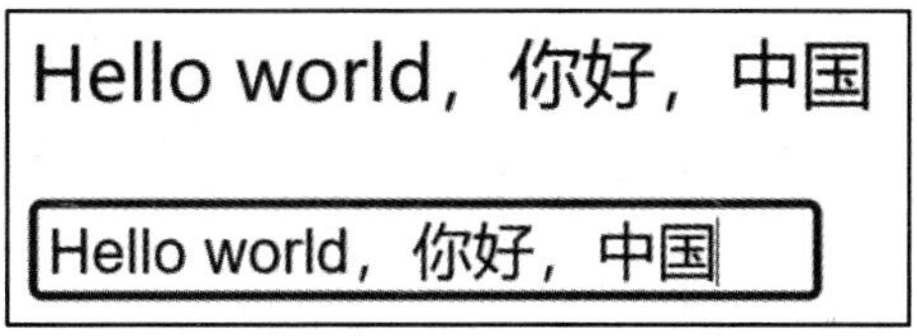

图 2-13　使用 v-model 指令对单行文本框进行数据绑定的效果

另外，v-model 指令还可以用于各种不同类型的输入，如<textarea>元素、<select>元素。它会根据所使用的元素自动选用对应的 DOM 属性和事件组合：

- 文本类型的<input>和<textarea>元素会绑定 value property 并监听 input 事件。
- <input type="checkbox">和<input type="radio">会绑定 checked property 并监听 change 事件。
- <select>元素会绑定 value property 并监听 change 事件。

（2）使用 v-model 指令对多行文本框的<textarea>元素进行数据绑定。需要注意的是，在<textarea>元素中是不支持插值表达式的，需要使用 v-model 指令来代替，格式如下。

```
<span>Multiline message is:</span>
<p style="white-space: pre-line;">{{ message }}</p>
<textarea v-model="message" placeholder="add multiple lines"></textarea>
```

（3）使用 v-model 指令对复选框进行数据绑定。单一的复选框绑定布尔类型值，格式如下。

```
<input type="checkbox" id="checkbox" v-model="checked" />
<label for="checkbox">{{ checked }}</label>
```

（4）使用 v-model 指令对单选按钮进行数据绑定，格式如下。

```
<div>Picked: {{ picked }}</div>
<input type="radio" id="one" value="One" v-model="picked" />
<label for="one">One</label>
<input type="radio" id="two" value="Two" v-model="picked" />
<label for="two">Two</label>
```

（5）使用 v-model 指令对<select>选择器进行数据绑定，格式如下。

```
<div>Selected: {{ selected }}</div>
<select v-model="selected">
  <option disabled value="">Please select one</option>
  <option>A</option>
  <option>B</option>
```

```
    <option>C</option>
</select>
```

任务 2.4　匿名发布渲染

【任务陈述】

本任务需要对"岗位发布"表单中的匿名发布功能进行页面渲染，使读者掌握条件渲染各种指令的使用方法。本任务实现效果如图 2-14 所示。

图 2-14　匿名发布功能渲染效果

【任务分析】

任务流程如图 2-15 所示。

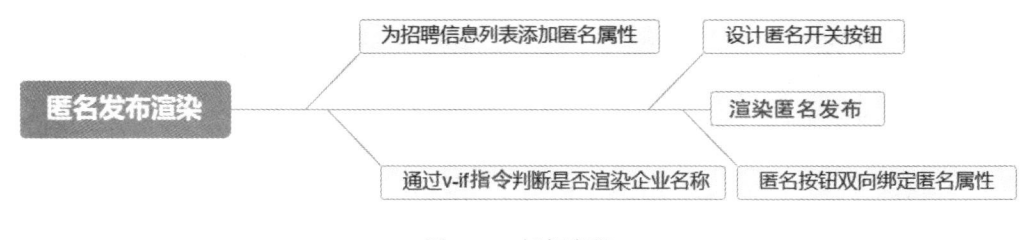

图 2-15　任务流程

【任务实施】

✏️ 步骤一、为招聘信息列表添加匿名属性

设计评论列表用户匿名功能。为 messageList 招聘信息列表中的各项信息添加 unnamed 属性，用以表示该条招聘信息是否开启匿名选项。

```
messageList: [
    {
```

```
        id: 110,
        email: "",
        name: "网络技术公司",
        content: "招前端工程师20人",
        scale: 0,
        unnamed: false   //匿名状态,设置为false,表示不开启匿名功能
    }
]
```

步骤二、通过 v-if 指令判断是否渲染企业名称

在<template>标签中通过 v-if 指令绑定 unnamed 属性,用以判断是否渲染企业名称。

```
<template>
    <strong class="text-gray-dark" v-if="!messageList[0].unnamed">
        {{ messageList[0].name }}
    </strong>
    <strong class="text-gray-dark" v-else>匿名用户</strong>
</template>
```

如上所示,当 v-if="!messageList[0].unnamed"中的表达式为 true 时,则渲染企业名称,否则渲染匿名企业信息。需要注意的是,此处我们需要使用 v-if 指令而非 v-show 指令。因为 v-show 指令只是简单地基于 CSS 的 display 属性进行切换信息是否隐藏,并未真正做到匿名的功能。

步骤三、设计匿名开关按钮

在招聘信息表单中,通过切换按钮设计是否开启匿名的功能。在<template>标签中布局匿名开关代码。

```
<template>
    <div class="col-12 py--2">
        <div class="form-check form-switch">
            <input class="form-check-input"
                type="checkbox" role="switch"
                id="unnamed-switch" >
            <label for="unnamed-switch">匿名发布</label>
        </div>
    </div>
</template>
```

步骤四、匿名按钮双向绑定匿名属性

(1)为招聘信息 message 添加 unnamed 属性,用以表示是否开启匿名发布功能。

```
const message = reactive({
    id: "",
    email: "",
    name: "",
    content: "",
    scale: 0,
    unnamed: false    //匿名状态
})
```

（2）将 unnamed 属性通过 v-model 指令双向绑定到"匿名发布"切换按钮上。

```
<div class="col-12 py-2">
    <div class="form-check form-switch">
        <input class="form-check-input"
               type="checkbox" role="switch"
               id="unnamed-switch"
               v-model="message.unnamed">
        <label for="unnamed-switch">匿名发布</label>
    </div>
</div>
```

✎ 步骤五、渲染匿名发布

"岗位发布"表单匿名发布功能渲染效果如图 2-16 所示。

图 2-16　匿名发布功能渲染效果

【知识链接】

在 Vue 中，v-if 指令用于条件性地渲染一块内容，下面就详细介绍一下 v-if 系列指令的使用方法。

2.4.1　v-if 指令语法

在 Vue 中，v-if 指令可以根据表达式的真假来操作 DOM 元素，从而切换元素的创建和销毁。当表达式的值为 true 时，元素存在于 DOM 树中；当表达式为 false 时，元素从 DOM

树中移除，其语法如下。

```
v-if="表达式"
```

【例 2-7】v-if 指令使用案例。

```
<template>
  <div id="app">
    <button v-on:click="isShow=!isShow">显示/隐藏</button>
    <div class="ball" v-if="isShow"></div>
  </div>
</template>
<script setup>
import { ref} from 'vue'
const isShow= ref(true)
</script>
<style scoped>
.ball {
    width: 30px;
    height: 30px;
    border-radius: 30px;
    background: radial-gradient(blue, green);
    margin: 20px;
}
</style>
```

渲染 Vue 得到如图 2-17 所示的效果。

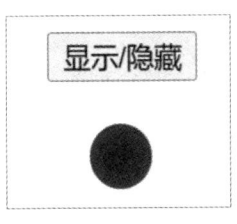

图 2-17　v-if 指令使用效果

单击"显示/隐藏"按钮，切换 isShow 的值，小球的可见性也随之产生变化。

2.4.2　v-else 指令语法

v-else 指令必须搭配 v-if 指令使用，如果没有 v-if 指令的存在，则 v-else 指令会变得毫无意义。其语法如下。

```
<div v-if="表达式">
    表达式为 true 时，渲染该标签的内容
```

```
    </div>
    <div v-else>
        表达式为false时，渲染该标签的内容
    </div>
```

【例2-8】v-else指令使用案例。

```
<template>
  <div id="app">
    <div class="ball" v-if="Math.random() > 0.5"></div>
    <div v-else>小球消失了</div>
  </div>
</template>
<style scoped>
.ball {
    width: 30px;
    height: 30px;
    border-radius: 30px;
    background: radial-gradient(blue, green);
    margin: 20px;
}
</style>
```

此时，如果"Math.random()＞0.5"成立，则"<div v-else></div>"标签的内容不可见，否则"<div v-else></div>"标签的内容可见。

2.4.3 v-else-if 指令语法

当v-if、v-else 两个指令无法满足多个条件的业务需求时，我们可以使用v-else-if指令增加多种情况的判断，因为v-else-if指令可以连续多个同时使用。

【例2-9】v-else-if指令使用案例。

```
<template>
  <div id="app">
    <div v-if="name === '小梦'">
        小梦
    </div>
    <div v-else-if="name === '小明'">
        小明
    </div>
    <div v-else-if="name === '小红'">
        小红
```

```
        </div>
        <div v-else>
            都不是
        </div>
     </div>
</template>
<script setup>
import { ref } from 'vue'
const name= ref( '小明')
</script>
```

最终"小明"将显示在页面中。

2.4.4　v-show 指令语法

v-show 指令同样可以决定一个元素是否可见。v-show 指令通过改变元素的 CSS 属性（display 属性）来决定元素是显示还是隐藏。

【例 2-10】v-show 指令使用案例。

```
<template>
  <div id="app">
      <div v-show="false">
          v-show
      </div>
  </div>
</template>
```

运行代码，在浏览器中按 F12 键调出开发者工具，可见如图 2-18 所示的代码。

```
▼ <div id="app">
      <div style="display: none;"> v-show </div>
  </div>
```

图 2-18　v-show 指令实现原理代码

由此可见，v-show 指令是通过 display:none 的样式设置，将标签进行隐藏的。

2.4.5　v-if 指令和 v-show 指令的区别

- 控制手段不同。
- 编译过程不同。
- 编译条件不同。

- 性能消耗不同。

控制手段：v-show 指令的隐藏是为该元素添加 display:none，DOM 元素依旧还在。v-if 指令的显示/隐藏是将 DOM 元素整个添加或删除。

编译过程：v-if 指令的切换有一个局部编译/卸载的过程，并在切换过程中适当地销毁和重建内部的事件监听器和子组件；v-show 指令只是简单地基于 CSS 切换的。

编译条件：v-if 指令是真正的条件渲染，会确保在切换过程中条件块内的事件监听器和子组件适当地被销毁和重建。只有渲染条件为假时，并不进行操作，直到渲染条件为真才进行渲染。

- v-show 指令由 false 变为 true 时，不会触发组件的生命周期。
- v-if 指令由 false 变为 true 时，会触发组件的 beforeCreate、create、beforeMount、mounted 钩子；由 true 变为 false 时，会触发组件的 beforeDestroy()、destroyed() 方法。

性能消耗：v-if 指令有更高的切换消耗；v-show 指令有更高的初始渲染消耗。

任务 2.5　招聘岗位信息列表渲染

【任务陈述】

本任务需要将"热门招聘"模块中各企业发布的招聘岗位信息列表进行页面渲染，使读者掌握列表渲染等各种指令的使用方法。本任务实现效果如图 2-19 所示。

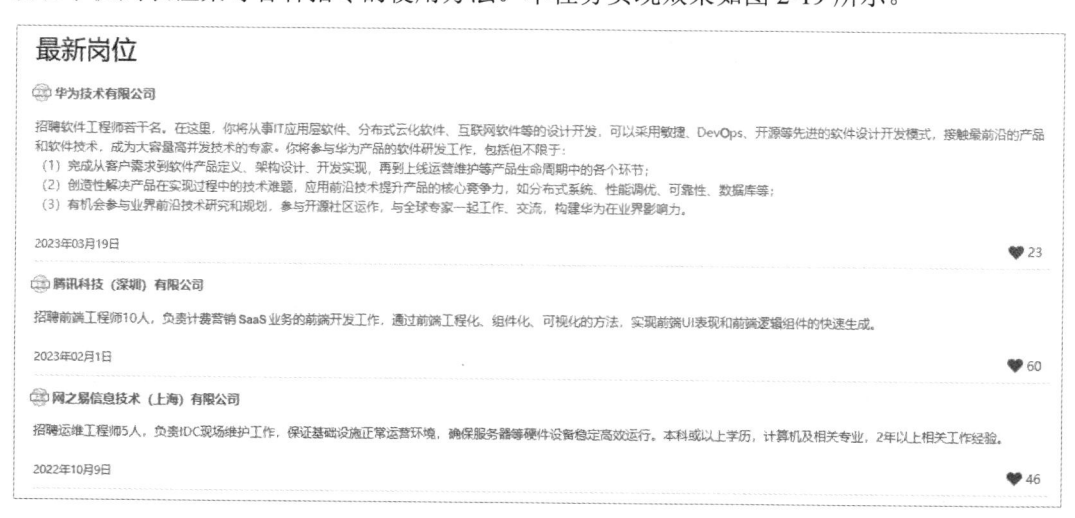

图 2-19　招聘岗位信息列表渲染效果

【任务分析】

对"热门招聘"模块中各企业发布的招聘岗位信息列表进行页面渲染,其任务流程如图 2-20 所示。

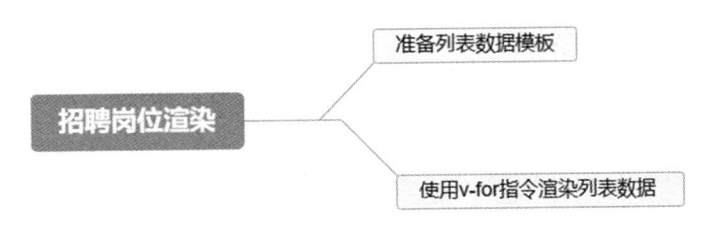

图 2-20 任务流程

【任务实施】

步骤一、准备列表数据模板

在<template>标签中将原来企业招聘信息列表的代码删除,仅保留第一条企业招聘信息代码,作为列表数据模板。

```
<template>
    <div class="text-muted mb-3">
        <!-- 企业招聘信息 -->
        ......
    </div>
</template>
```

步骤二、使用 v-for 指令渲染列表数据

使用 v-for 指令渲染列表数据的代码如下。

```
<!-- 使用v-for指令渲染列表数据 -->
<div class="text-muted mb-3"
    v-for="(item,index) in messageList"  v-bind:key="item.id">
    <div class=" border-bottom col-md-12">
        <img class="me-2"  width="24" height="24"
          v-bind:src="item.scale== 0 ? avatar_biaozhi1 : avatar_biaozhi2">
        <strong class="text-gray-dark" v-if="!item.unnamed">
            {{ item.name }}
        </strong>
        <strong class="text-gray-dark" v-else>匿名发布</strong>
        <p>
            {{ item.content }}
```

```
            </p>
            <!-- 点赞样式 -->
            <div class="message_sup">
                <small></small>
                <div v-bind:class="['support', {supportActived:item.has_sup}]" v-on:click="support(index)" >
                    <img src="./assets/img/support.png" alt="" >
                    <span>{{item.support}}</span>
                </div>
            </div>
        </div>
    </div>
```

需要注意的是，key 属性值不建议绑定数组的索引。一般来说，每条数据都会有一个唯一的 ID 用来标识这条数据的唯一性，并且通常使用这个 ID 作为 key 属性值。

【知识链接】

在 Vue 中，我们可以使用 v-for 指令渲染一组样式相同的列表或表格数据。下面就详细介绍一下 v-for 指令的使用方法。

2.5.1 使用 v-for 指令渲染数组

v-for 指令可用于渲染一组样式相同的列表或表格数据。其语法格式如下。

```
(item,key) in items
```

其中：

items 为源数据，如一个数组或对象。

item 为数组或对象中的每一项元素内容。

key 为代数组的索引值或对象的键值，具有唯一性。

v-for 指令可以渲染数组、对象、字符串等多种格式的数据。渲染数组是较为常用的一种方式。

【例 2-11】 使用 v-for 指令渲染数组案例。

```
<template>
  <div id="app">
    <ul>
      <li v-for="(item, index) in person" v-bind:key="index">
        姓名：{{item}}
      </li>
```

```
        </ul>
      </div>
</template>
<script setup>
import { reactive } from 'vue'
const person= reactive(["小城", "丽丽", "小希", "张三"])
</script>
</script>
<style scoped>
    ul{list-style: none;}
    ul li:nth-child(2n+1){
       background-color: skyblue;
    }
</style>
```

渲染 Vue 得到如图 2-21 所示的效果。

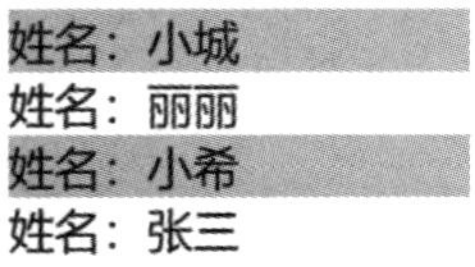

姓名：小城
姓名：丽丽
姓名：小希
姓名：张三

图 2-21　使用 v-for 指令渲染数组效果

v-for 指令中绑定的是 person 数组，其中 item 表示数组中的每一项元素内容，index 表示当前元素的索引值。

2.5.2　使用 v-for 指令渲染对象

v-for 指令也可用于渲染对象数组。

【例 2-12】使用 v-for 指令渲染对象数组案例。

```
<template>
  <div id="app">
    <ul>
      <li v-for="(value, key) in person" v-bind:key="value.id">
         学号：{{value.id}}-姓名：{{value.name}}
      </li>
    </ul>
  </div>
</template>
<script setup>
import { reactive } from 'vue'
```

```
    const person= reactive([
        {id:900108,name:"小军"},
        {id:900107,name:"丽丽"},
        {id:900308,name:"优优"},
        {id:900204,name:"小雄"},
        {id:900301,name:"大明"},
    ])
</script>
<style scoped>
ul {
  list-style: none;
}
ul li:nth-child(2n+1) {
  background-color: skyblue;
}
</style>
```

渲染 Vue 得到如图 2-22 所示的效果。

学号：900108-姓名：小军
学号：900107-姓名：丽丽
学号：900308-姓名：优优
学号：900204-姓名：小雄
学号：900301-姓名：大明

图 2-22 使用 v-for 指令渲染对象数组效果

当渲染类型为对象数组的类型时，将形参命名为 key 和 value，这样代码能够更加语义化。其中，key 为对象的键值，value 为对应的属性值。

2.5.3 使用 v-for 指令渲染字符串

v-for 指令也可用于渲染字符串格式数据。

【例 2-13】使用 v-for 指令渲染字符串格式数据案例。

```
<template>
  <div id="app">
    <span class="span" v-for="(word, index) in str" v-bind:key="index">{{ word }} </span>
  </div>
</template>
<script setup>
import { ref } from 'vue'
```

```
    const str= ref( 'hello')
</script>
<style scoped>
  .span{
      display: inline-block;
      width: 32px;
      margin-right: 8px;
      height: 32px;
      text-align: center;
      line-height: 32px;
      background: rgb(230, 230, 230);
  }
</style>
```

渲染 Vue 得到如图 2-23 所示的效果。

图 2-23 使用 v-for 指令渲染字符串格式数据效果

2.5.4 使用 v-for 指令渲染数字

v-for 指令也可用于渲染数值型数据，即数字。

【例 2-14】使用 v-for 指令渲染数字案例。

```
<template>
  <div id="app">
    <span class="span" v-for="(n, index) in num" v-bind:key="index">
{{ n }}</span>
  </div>
</template>
<script setup>
import { ref } from 'vue'
const num= ref(10)
</script>
<style scoped>
  .span{
      display: inline-block;
      width: 32px;
      margin-right: 8px;
      height: 32px;
```

```
        text-align: center;
        line-height: 32px;
        background: rgb(230, 230, 230);
    }
</style>
```

渲染 Vue 得到如图 2-24 所示的效果。

图 2-24 使用 v-for 指令渲染数字效果

需要注意的是，在使用 v-for 指令直接渲染数字时，起始数字是从 1 开始的。

2.5.5 v-for 指令和 v-if 指令的结合使用

在 v-for 指令的渲染列表中，我们经常会使用 v-if 指令筛选条件，并选择符合条件的信息进行渲染。

【例 2-15】v-for 指令和 v-if 指令结合使用的渲染案例。

```
<template>
  <div id="app">
    <ul>
      <li v-for="(value, key) in person" v-bind:key="value.id">
        <p v-if="value.gender===1">学号：{{value.id}}-姓名：{{value.name}}</p>
      </li>
    </ul>
  </div>
</template>
<script setup>
import { reactive } from 'vue'
const person= reactive([
    {id:900108,name: "小军",gender:1},
    {id:900107,name: "丽丽",gender:0},
    {id:900308,name: "优优",gender:0},
    {id:900204,name: "小雄",gender:1},
    {id:900301,name: "大明",gender:1},
])
</script>
<style scoped>
```

```
ul {
    list-style: none;
}
ul li:nth-child(2n+1) {
    background-color: skyblue;
}
</style>
```

渲染 Vue 得到如图 2-25 所示的效果。

学号：900108-姓名：小军

学号：900204-姓名：小雄

学号：900301-姓名：大明

图 2-25 v-for 指令和 v-if 指令结合使用的渲染效果

需要注意的是，v-for 指令和 v-if 指令不要同时用在一个元素上。因为 v-for 指令比 v-if 指令优先级高，所以同时使用的话，每次执行 v-for 指令时都会执行 v-if 指令，造成不必要的计算，影响性能。我们可以先通过 v-for 指令绑定标签进行列表渲染，再在其内部通过 v-if 指令筛选需要渲染的具体内容项。

任务总结与拓展

通过该任务的实施，读者对 Vue 框架的数据绑定及数据渲染有了深入的了解，掌握了 Vue 插值数据绑定的方法，以及 v-text 和 v-html 指令、v-bind 属性绑定指令、v-model 双向数据绑定指令、条件渲染、列表渲染等 Vue 的基础知识。

希望在接下来的学习中，读者能在页面数据渲染过程中不断提升自己的审美能力，培养程序员的精益求精的工匠精神。

【思考】请读者为美术馆设计一个门户网站，利用 Vue 框架的数据绑定及数据渲染来实现网站中美术馆简介页面。

【思考】利用 Vue 框架中的 v-model 双向数据绑定指令来实现美术馆门户网站中的登录及注册页面。

课后练习

1. 选择题

（1）Vue 中实现属性绑定的指令是（   ）。

　　A．v-bind　　　　　　　　　　B．v-for

C．v-model　　　　　　　　D．v-if

（2）在 Vue 中主要实现双向数据绑定，通常用在表单元素的指令是（　　）。

A．v-if　　　　　　　　　B．v-model
C．v-show　　　　　　　　D．v-for

（3）下列关于 v-model 指令的说法错误的是（　　）。

A．v-model 指令能实现双向绑定

B．v-model 指令本质上是语法糖，负责监听用户的输入事件以更新数据

C．v-model 是内置指令，不能用在自定义组件上

D．对 input 使用 v-model 指令，实际上是指定其 :value 和 :input

（4）Vue 语句为 v-for="a in array"，其中可以用（　　）代替 in 作为分隔符。

A．of　　　　　　　　　　B．and
C．eq　　　　　　　　　　D．on

（5）在下列选项中，可以实现插入内容的 Vue 指令是（　　）。

A．v-show　　　　　　　　B．v-on
C．v-html　　　　　　　　D．v-text

2．填空题

（1）Vue 中插值表达式为_____。

（2）Vue 中实现条件渲染的指令有_____。

3．简答题

（1）请简述 v-html 指令和 v-text 指令的异同。

（2）请简述 v-if 指令和 v-show 指令的区别。

任务 3

岗位发布功能设计

学习目标

Vue 框架在页面中绑定事件后，需要监听相应的事件，并对事件进行处理。本任务主要讲解相应的事件处理器、常用修饰符、Vue 监听属性，以及 computed 计算属性的相关知识。

【知识目标】

- 掌握 v-on 事件监听指令的使用方法。
- 熟悉 .stop、.prevent、.once、.right 等修饰符的使用方法。
- 熟悉 Vue 中常用的交互事件。
- 掌握 computed 计算属性的使用方法。
- 掌握 watch 监听器的使用方法。

【技能目标】

- 能够熟练使用 v-on 指令绑定事件后对页面进行监听。
- 能够熟练运用 watch 监听器和 computed 计算属性来完成页面的动态变化。

【素质目标】

- 培养前端开发者创新实践意识。
- 树立前端开发者求真务实、开拓进取的科学观念。

项目背景

企业在发布就业信息的过程中需要一些数据验证及提醒服务。"热门招聘"模块的"岗位发布"表单在填写过程中及提交后可以根据信息填写的不同,实现页面效果的动态变化。该模块主要完成岗位点赞、确认发布及信息预览等功能。

任务规划

在上一个任务的基础上,本任务继续完善"就业职通车"网站中"最新岗位"模块和"岗位发布"表单的功能。其中,使用 Vue3 框架实现"最新岗位"模块中的岗位点赞,以及"岗位发布"表单中的确认发布、信息预览等功能的布局与样式设置。岗位发布功能效果如图 3-1 所示。

图 3-1 岗位发布功能效果

任务 3.1　岗位点赞功能开发

【任务陈述】

本任务需要完成"最新岗位"模块中的岗位点赞功能部分，使读者了解 Vue 的事件绑定机制，掌握 v-on 指令的使用方法。本任务实现效果如图 3-2 所示。

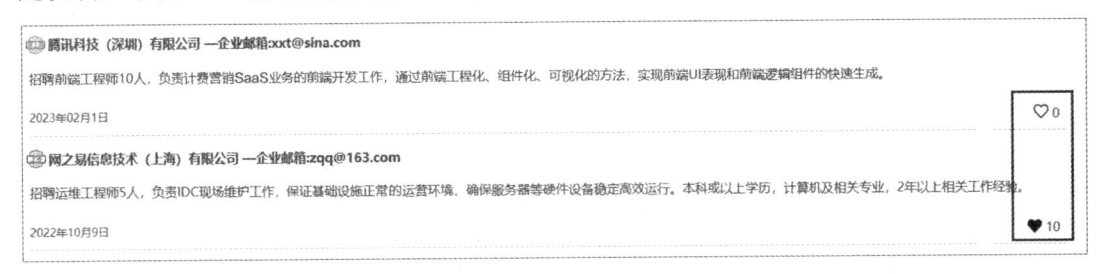

图 3-2　岗位点赞功能效果

【任务分析】

为了完成"最新岗位"模块中的岗位点赞功能部分，本任务需要在岗位信息列表中通过 v-on 指令设计鼠标单击事件，实现每次单击点赞按钮后点赞数量加 1，且点赞按钮呈现激活样式的功能。任务流程如图 3-3 所示。

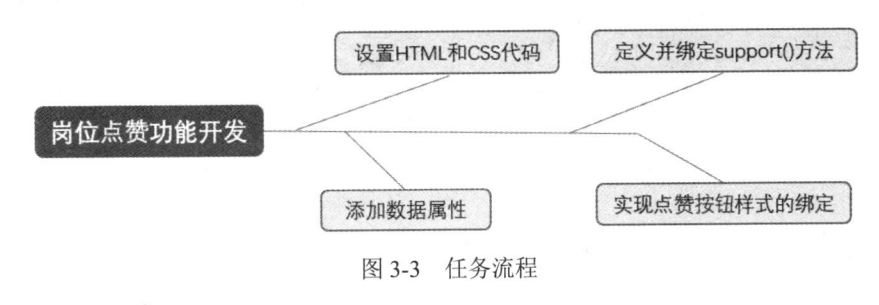

图 3-3　任务流程

【任务实施】

步骤一、设置 HTML 和 CSS 代码

将点赞按钮的图片复制到 assets 目录下，HTML 布局代码复制到招聘岗位信息列表中，CSS 样式复制到 `<style>` 标签中。

`<template>` 标签中的代码如下。

```
<template>
    <div class="text-muted mb-3">
        <div class=" border-bottom col-md-12">
            <img class="me-2" v-bind:src="messageList[0].scale == 0 ?
avatar_biaozhi1 : avatar_biaozhi2" width="24" height="24">
```

```html
            <strong class="text-gray-dark">{{ messageList[0].name }}</strong>
            <p>
                {{ messageList[0].content }}
            </p>
              <!-- 复制点赞样式 -->
              <div class="message_sup">
                  <small></small>
                  <div class="support">
                      <img src="./assets/img/support.png" alt="" >
                      <span>108</span>
                  </div>
              </div>
              <!-- 点赞样式 end -->
        </div>
    </div>
</template>
```

<style>标签中的样式设置如下。

```css
<style scoped>
.message_sup{
    display: flex;
    justify-content: space-between;
    align-items: center;
}
.support{
    cursor: pointer;
    display: flex;
    align-items: flex-start;
    height: 22px;
    overflow: hidden;
    margin: 10px;
}
.support span{
    margin-left: 5px;
}
.supportActived img{
    position: relative;
    top: -25px;
}
</style>
```

完成代码部署后,页面效果如图3-2所示。

步骤二、添加数据属性

在为数据准备的 messageList（信息列表）中添加 support 和 has_sup 属性，用于表示点赞数量和是否为点赞状态。

```
const messageList = reactive(
{
    id:110,
    name: "网之易信息技术（上海）有限公司",
    email:"",
    content: "招聘运维工程师5人，负责IDC现场维护工作，保证基础设施正常的运营环境，确保服务器等硬件设备稳定高效运行。本科或以上学历，计算机及相关专业，2年以上相关工作经验。",
    scale: 0,
    support:88,        //点赞数量为88
    has_sup:false      //默认为false，表示本条信息还未点赞。如果为true，则表示已点赞
}
)
```

因为后期 message 中的信息内容在发布之后需要添加到 messageList 中，所以我们需要确保 message 和 messageList 中的信息属性一致，为 message 同样添加 support 和 has_sup 属性。

```
message: {
    id:"",
    name: "",
    email: "",
    content: "",
    scale: "1",
    support: 0,           //点赞数量默认为0
    has_sup: false        //默认为false，表示本条信息还未点赞
}
```

步骤三、定义并绑定 support() 方法

定义 support() 方法，实现单击点赞按钮后，点赞数量加 1 且点赞按钮呈现激活样式的功能，同时将 support() 方法绑定至点赞样式中，代码如下。

```
<!-- 点赞样式 -->
<div class="message_sup">
    <small></small>
    <!-- 绑定support()方法 -->
    <div class="support" v-on:click="support(0)">
        <img src="./assets/img/support.png" alt="" >
```

```
            <span>108</span>
        </div>
</div>
<!-- 点赞样式 end -->
function support(index) {
//每次单击点赞按钮后,点赞状态激活
        messageList[index].has_sup = true
        //点赞数量自增
         messageList[index].support+=1
    }
```

通过 has_sup 属性判断是否为点赞状态,单击点赞按钮后,将 has_sup 属性设置为 true,并且 support 值加 1。

步骤四、实现点赞按钮样式的绑定

点赞按钮的样式是通过 supportActived 样式进行控制的,因此我们可以将该样式通过 v-bind 指令绑定至点赞按钮的样式列表中,同时将页面中的点赞数量通过插值表达式插入。

```
<div class="message_sup">
    <small></small>
    <!-- 通过 v-bind 指令将 supportActived 样式绑定到页面中 -->
    <div v-bind:class="['support',
{supportActived:messageList[0].has_sup} ]" v-on:click="support(0)" >
        <img src="./assets/img/support.png" alt="" >
        <span>{{messageList[0].support}}</span>
    </div>
</div>
```

我们通过 supportActved:messageList[0].has_sup 表达式设置 supportActived 样式添加与否,如果 has_sup 为 true,表示已经点赞,则启用 supportActived 样式;反之,则不启用 supportActived 样式。

页面中的点赞数量则通过{{messageList[0].support}}插值表达式进行数据绑定。

【知识链接】

3.1.1 v-on 指令语法

v-on 是事件监听指令,直接与事件类型配合使用。其语法格式如下。

```
v-on:事件名="操作方法"
```

例如：

```
v-on:click="alert('hello')"
```

和 v-bind 指令一样，Vue 同样给 v-on 指令提供了简写方式，只需通过@事件名的方式即可。例如：

```
@click="alert('hello')"
```

当然，v-on 指令不仅有 click 这一个事件，还有诸如 v-on:mouseenter、v-on:mouseleave 等众多事件指令。

【例 3-1】使用 v-on 指令监听 click 事件案例。代码如下。

```
<template>
  <div id="app">
    <p>{{ message }}</p>
    <button v-on:click="reverseMessage">反转字符串</button>
  </div>
</template>
<script setup>
import { ref } from 'vue'
const message= ref('Hello World')
function reverseMessage(){
    message.value = message.value.split('').reverse().join('')
}
</script>
```

如上述代码所示，我们通过 v-on 指令绑定了 reverseMessage()方法。当单击按钮时，触发 reverseMessage()方法，反转字符串。代码运行后得到如图 3-4 所示的效果。

图 3-4 使用 v-on 指令监听 click 事件效果

3.1.2 v-on 指令的混合使用

使用 v-on 指令可以绑定多个事件。例如，我们可以将以下代码

```
<div class="app">
    <button v-on:mouseenter='onenter' v-on:mouseleave='leave'>click me</button>
```

```
    </div>
```

简写为：

```
<div class="app">
    <button v-on="{mouseenter:onenter,mouseleave:leave}">click me</button>
</div>
```

3.1.3 $event 参数

$event 是 Vue 中的事件对象。我们通过$event 参数能够获取事件对象的许多属性，如页面位置、标签内容等。

【例 3-2】$event 参数事件案例。代码如下。

```
<template>
  <div>
     <button id="mybtn" v-on:click="click($event)">$event 参数信息</button>
  </div>
</template>
<script setup>
import { ref } from 'vue'
function click(e){
    console.log(e)
}
</script>
```

单击链接后页面输出如图 3-5 所示的效果。

图 3-5 $event 参数事件效果

在输出参数中，我们能够获取被单击对象的一些基本属性，如位置、触发事件等。

任务 3.2　确认发布功能开发

【任务陈述】

本任务需要在"岗位发布"表单中通过单击"确认发布"按钮,从而实现招聘岗位信息发布的功能,使读者可以掌握 Vue 中事件监听和常用的事件修饰符的使用方法。本任务实现效果如图 3-6 所示。

图 3-6　确认发布功能效果

【任务分析】

本任务需要通过 Vue 交互事件实现确认发布功能,要求单击"确认发布"按钮后,能够将表单中的数据渲染至页面中。表单中各项内容均为必填项,如果有未填写的内容,则禁止信息提交,并弹窗提示,如图 3-6 所示。在发布招聘岗位信息后,浏览器页面能自动滚动到显示该岗位信息的位置。

任务流程如图 3-7 所示。

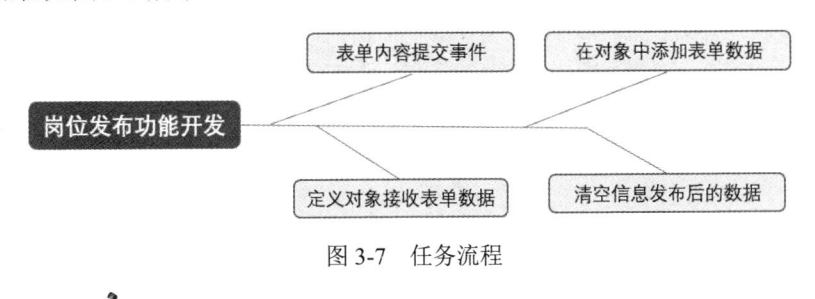

图 3-7　任务流程

【任务实施】

✎ 步骤一、表单内容提交事件

(1)添加 submit()方法,用于提交表单内容。在 submit()方法中编写如下代码,用于在判断出招聘岗位信息输入不全时，系统进行弹窗提示。

```
function submit() {
//当招聘岗位信息输入不全时，系统会弹窗提示
 if (message.name.trim() == "" || message.email.trim() == "" || message.content. trim() == "") {
        alert("信息输入不全，请输入完整信息！")
        return
    }
   }
```

（2）将 submit()方法通过 v-on 指令绑定到"确认发布"按钮上，因为"确认发布"按钮在表单中具有默认的跳转行为，所以我们需要通过.prevent 事件修饰符防止执行预设的行为。具体代码如下。

```
<button class="w-100 btn btn-success btn-lg" type="submit" v-on:click.prevent="submit"> 确认发布 </button>
```

步骤二、定义对象接收表单数据

在 submit()方法中定义 messageInfo 对象，用于接收表单中的数据。

```
let messageInfo = {
     id: Date.now(),
     email: message.email,
     name: message.name,
     content: message.content,
     scale: message.scale,
     support: 0,             //点赞数量
     has_sup: false,         //点赞状态
     unnamed: message.unnamed   //匿名状态
   }
```

一般来说，信息中的 id 属性值是在插入数据库时生成的，也是该信息在数据库中的主键值。此时，我们还未与服务器端进行联调，为了表示 id 属性值的唯一性，暂且使用 Date.now()方法生成唯一的时间戳，用以表示 id 属性值。

步骤三、在对象中添加表单数据

将 messageInfo 信息通过 push()方法添加到 messageList 对象中，并使最后发布的招聘岗位信息能置顶显示。

```
function submit() {
//当招聘岗位信息输入不全时，系统会弹窗提示
```

```
    if (message.name.trim() == "" || message.email.trim() == "" ||
message.content. trim() == "") {
        alert("信息输入不全，请输入完整信息！")
        return
    }
    let messageInfo = {
        id: Date.now(),
        email: message.email,
        name: message.name,
        content: message.content,
        scale: message.scale,
        support: 0,                //点赞数量
        has_sup: false,            //点赞状态
        unnamed: message.unnamed   //匿名状态
    }

    //将发布的信息添加到messageList对象中
    messageList.value.push(messageInfo)
}
```

步骤四、清空信息发布后的数据

招聘岗位信息发布完成后，需要将表单中的信息加以清空。

```
//清空表单信息
message.name=""
message.email=""
message.content=""
message.scale="1"
message.support=0
message.has_sup=false
message.unnamed=false
```

本任务主要学习 Vue 中常用的交互事件，了解常用的鼠标事件、键盘事件和表单事件的使用方法。

【知识链接】

本任务仅包含事件修饰符的相关知识。

在前端开发中，开发人员经常需要为元素绑定事件。Vue 提供了很多事件修饰符，用于代替处理一些 DOM 元素的事件细节。Vue 中常用的事件修饰符如表 3-1 所示。

表 3-1　Vue 中常用的事件修饰符

修饰符	描述
.stop	防止事件冒泡，等同于 JavaScript 中的 event.stopPropagation()方法
.prevent	防止执行预设的行为，等同于 JavaScript 中的 event.preventDefault()方法
.once	只触发一次事件
.right	定义鼠标右击事件

下面详细了解一下这些事件修饰符的使用方法。

1．.stop 修饰符

.stop 修饰符用于防止事件冒泡，通俗来说就是阻止事件向父元素传递，阻止任何父事件处理程序被执行，等同于 JavaScript 中的 event.stopPropagation()方法。

【例 3-3】.stop 修饰符案例。代码如下。

```
<template>
    <div id="app">
        <h3>.stop 修饰符：阻止冒泡</h3>
        <div>{{num}}</div>
        <div v-on:click="handleAdd">
            <button v-on:click.stop="handleAddInner">单击添加</button>
        </div>
    </div>
</template>
<script setup>
import { ref } from 'vue'
const num= ref(0)
function handleAdd(){
 num.value++
}
function handleAddInner(){
 console.log("handleAddInner")
}
</script>
```

当没有添加.stop 修饰符时，单击按钮，效果如图 3-8 所示。

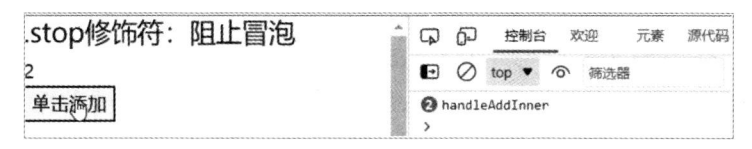

图 3-8　没有添加.stop 修饰符效果

我们可以看到，单击按钮时，不仅触发了自身的 handleAddInner 事件，还触发了父元素的 handleAdd 事件。

此时，我们为按钮添加.stop 修饰符，阻止触发冒泡事件，代码运行效果如图 3-9 所示。

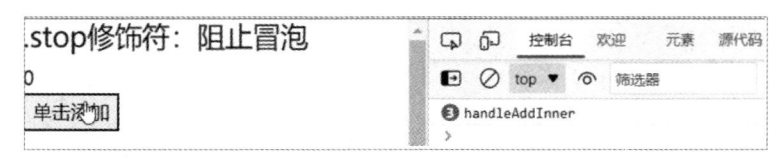

图 3-9　添加.stop 修饰符效果

此时单击按钮，仅调用了按钮自身的 handleAddInner 事件，而父元素的 handleAdd 事件并未触发。

2．.prevent 修饰符

某些标签拥有自身的默认事件，如单击<a>标签后会进行页面的跳转。这类默认事件虽然是冒泡后开始的，但是不会因为.stop 修饰符而停止执行。想要阻止执行这类预设的行为，就需要用到.prevent 修饰符。

【例 3-4】.prevent 修饰符案例。代码如下。

```
<template>
    <div id="app">
        <h3>.prevent 修饰符：阻止执行事件本身默认的行为</h3>
        <a href="http://www.baidu.com" v-on:click.prevent="">百度</a>
    </div>
</template>
```

代码运行效果如图 3-10 所示。

图 3-10　.prevent 修饰符效果

此时单击文字链接，发现页面并未发生跳转，说明.prevent 修饰符生效了。

3．.once 修饰符

.once 修饰符表示事件只触发一次，但是不影响事件的冒泡，因为仍然会触发上层的事件，并且页面刷新后这个次数会重置。

【例 3-5】.once 修饰符案例。代码如下。

```
<template>
```

```html
        <div id="app">
            <div>{{num}}</div>
            <h3>.once 修饰符：事件只触发一次</h3>
            <button v-on:click.once="handleAdd">只触发一次</button>
        </div>
</template>
<script setup>
import { ref } from 'vue'
const num= ref(0)
function handleAdd(){
    num.value++
}
</script>
```

代码运行效果如图 3-11 所示。

图 3-11　.once 修饰符效果

此时单击按钮，可以发现数值仅增加了一次，之后就不再向上递增，说明.once 修饰符生效了。

4．.right 修饰符

.right 修饰符用于定义鼠标右击事件。

【例 3-6】.right 修饰符案例。代码如下。

```html
<template>
    <div id="app">
        <h3>.right 修饰符：鼠标右击事件</h3>
        <div>{{num}}</div>
        <button v-on:click.right="handleAdd">右击事件</button>
    </div>
</template>
<script setup>
import { ref } from 'vue'
const num= ref(0)
function handleAdd(){
  num.value++
```

```
    }
</script>
```

代码运行效果如图 3-12 所示。

图 3-12 .right 修饰符效果

通过鼠标右键单击按钮，可以发现数值向上递增，说明 right 修饰符生效了。

任务 3.3　信息预览功能开发

【任务陈述】

本任务需要完成"岗位发布"表单中信息预览的页面渲染效果。当用户更新"信息预览"文本框中的内容时，能将信息同步到"企业名称"文本框、"企业邮箱"文本框和"企业规模"选项框中。通过该任务，读者可以掌握 Vue 中 computed 计算属性的使用方法。本任务实现效果如图 3-13 所示。

图 3-13　信息预览的页面渲染效果

【任务分析】

本任务的完成需要设置计算属性，当用户更新"信息预览"文本框中的内容时，同步更新其他信息。任务流程如图 3-14 所示。

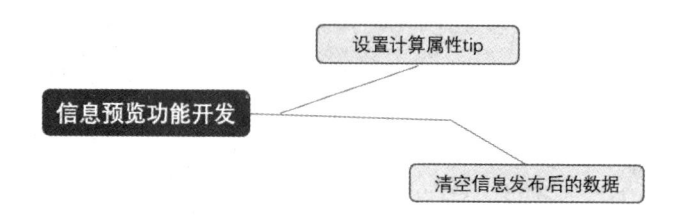

图 3-14 任务流程

【任务实施】

步骤一、设置计算属性 tip

（1）在<template>标签中将"信息预览"文本框进行绑定并设置计算属性 tip。

```
<template>
    <tr>
        <td>信息预览:</td>
        <td colspan="3"><input class="form-control" placeholder="企业名称,企业规模,企业邮箱" v-model="tip"></td>
    </tr>
</template>
```

（2）设置计算属性 tip 的 getter，当计算属性的依赖对象发生变化时，更新计算属性内容。

```
<script setup>
const tip = computed({
    get() {
        if (message.name == "" && message.email == "") return
        let scale = message.scale == 0 ? "非上市" : "上市"
        let name = message.unnamed == true ? "匿名" : message.name
        return name + "," + scale + "," + message.email
    },
})
</script>
```

（3）设置计算属性 tip 的 setter，当更新计算属性内容时，同步更新计算属性所依赖的对象。

```
<script setup>
const tip = computed({
    get() {
        if (message.name == "" && message.email == "") return
        let scale = message.scale == 0 ? "非上市" : "上市"
        let name = message.unnamed == true ? "匿名" : message.name
        return name + "," + scale + "," + message.email
```

```
        },
        set(val) {
            let arr = val.split(",")
            message.name = arr[0]
            message.scale = arr[1] == "非上市" ? "0" : "1"
            message.email = arr[2]
        }
    })
</script>
```

步骤二、清空信息发布后的数据

当我们更新"信息预览"文本框中的内容时,"企业名称"文本框、"企业邮箱"文本框和"企业规模"选项框的内容也会随之发生变化,如图 3-13 所示。

【知识链接】

本任务仅包含 getter 和 setter 函数的相关知识。

Vue 的 computed 计算属性可以被视为 data 属性,既可以读取值,也可以设置值。因此,我们将 computed 计算属性分成 getter(读取值)和 setter(设置值)。在一般情况下是没有设置 setter 的,在默认预设中只有 getter。我们可以通过手动添加 get()方法和 set()方法进行 getter 和 setter 的设置。

【例 3-7】computed 计算属性案例。代码如下。

```
<template>
  <div>
    <div>
        单价:¥{{ jiesuan.price }}
    </div>
    <div>
        数量:<input type="text" v-model="jiesuan.num">
    </div>
    <div>
        总价:<input type="text" v-model="total">
    </div>
  </div>
</template>
<script setup>
import { reactive,computed } from 'vue'
const jiesuan= reactive({
    price: 18,
```

```
        num: 0
    })
    const total= computed({
        get() {
            return jiesuan.price * jiesuan.num
        },
        set(newVal) {
            jiesuan.num = newVal/jiesuan.price
        }
    })
</script>
```

单价:	￥18
数量:	2
总价:	36

图 3-15　computed 计算属性效果

代码运行后得到如图 3-15 所示的效果。

当修改数量时，computed 计算属性通过 getter 修改了总价，即 total 的值，如图 3-15 所示。当修改总价时，computed 计算属性通过 setter 修改了数量。

综上所述，执行 getter 时会收集依赖，执行 setter 时会触发依赖更新。

任务 3.4　字符统计功能开发

实训指导 6

【任务陈述】

本任务将完成"岗位发布"表单中"岗位信息"文本框的字符统计监听功能，用来实时显示录入的字符数，并检查输入内容是否不少于 20 个字符。读者通过实现该任务可以掌握 Vue 框架中 watch 监听器的使用方法。本任务实现效果如图 3-16 所示。

图 3-16　"岗位信息"文本框字符统计监听功能效果

【任务分析】

为了实现"岗位发布"模块中"岗位信息"文本框的字符统计监听功能，本任务可以在 Vue 中设置 watch 监听器，用于监听用户输入内容的字符数。

当用户输入内容少于 20 个字符时，页面效果如图 3-16 所示（样式为：list-group-item-warning）。

当用户输入内容超出 140 个字符时，页面效果如图 3-17 所示（样式为：list-group-item-danger）。

图 3-17　输入内容超出 140 个字符时的页面效果

当用户输入内容在 20 个字符至 140 个字符之间时，页面效果如图 3-18 所示（样式为：list-group-item-success）。

图 3-18　输入内容在 20 个字符至 140 个字符之间时的页面效果

任务流程如图 3-19 所示。

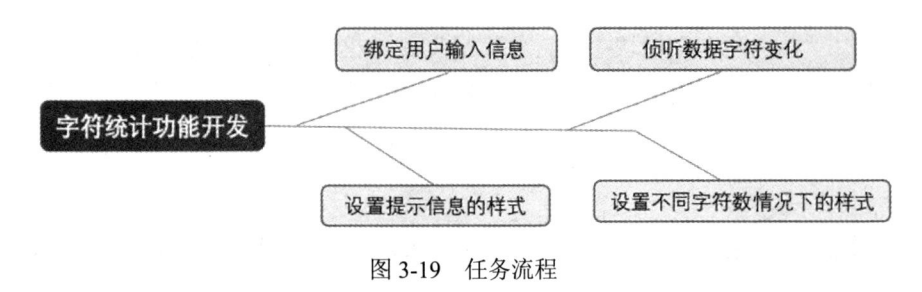

图 3-19 任务流程

【任务实施】

步骤一、绑定用户输入信息

在<template>标签中，使用 v-model 指令将在"岗位信息"文本框中输入的内容和 message 对象的 content 属性进行双向绑定。

```
<template>
    <textarea class="form-control" name="" id="" cols="30" rows="5" placeholder="请输入招聘岗位信息和要求" v-model="message.content">
    </textarea>
</template>
```

步骤二、设置提示信息的样式

（1）因为字符数提示框中的文本内容是动态变化的，所以我们要设置 promptMsg 属性，用于表示提示的信息内容。

```
const promptMsg = ref("")
```

（2）将 promptMsg 属性通过插值嵌入页面中。

```
<div class="col-12 py-2">
    <p class="list-group-item list-group-item-action list-group-item-warning">
        {{ promptMsg }}
    </p>
</div>
```

步骤三、监听数据字符变化

（1）启用 watch 监听器，对 message 对象的 content 属性进行监听，该属性表示用户输入的岗位信息内容。

```
watch(message, (newVal, oldVal) => {
})
```

（2）在 watch 监听器中，添加逻辑代码，对用户输入的字符数进行判断。

```
watch(message, (newVal, oldVal) => {
    if (newVal.content.length <= 20) {
        promptMsg.value = "输入内容不少于20个字符"
    }
    else if (newVal.content.length > 140) {
        promptMsg.value = "输入内容不超过140个字符"
    }
    else {
        promptMsg.value = "您已输入" + newVal.content.length + "个字符"
    }
}, { immediate: true, deep: true })
```

使用"immediate:true"选项启动初始监听，即在 Vue 实例初始化时，调用一次函数。

步骤四、设置不同字符数情况下的样式

（1）设置 promptSty 属性，用于表示不同的样式名。

```
const promptSty = ref("")
```

（2）将 promptSty 属性通过 v-bind 指令绑定到页面样式中。

```
<p v-bind:class="['list-group-item' ,'list-group-item-action', promotSty ]">
    {{ promptMsg }}
</p>
</div>
```

（3）在 watch 监听器中，对不同字符数情况下的样式表现进行设置。

```
watch(message, (newVal, oldVal) => {
    if (newVal.content.length <= 20) {
        promptMsg.value = "输入内容不少于20个字符"
        promptSty.value = "list-group-item-warning"
    }
    else if (newVal.content.length > 140) {
        promptMsg.value = "输入内容不超过140个字符"
        promptSty.value = "list-group-item-danger"
    }
    else {
        promptMsg.value = "您已输入" + newVal.content.length + "个字符"
        promptSty.value = "list-group-item-success"
```

```
    }
}, { immediate: true, deep: true })
```

本任务主要学习 watch 监听器的使用方法，掌握 watch 监听器中各个参数的配置，并了解 watch 监听器与 computed 计算属性的不同使用场景。相较于计算属性来说，watch 监听器的使用更为灵活，更偏向于数据会反复变化，需要在多次计算的场景下使用。

【知识链接】

3.4.1 watch 监听器的使用

虽然 computed 计算属性在大多数情况下更合适，但是有时也需要一个自定义的 watch 监听器。这是因为 Vue 通过 watch 监听器提供了一个更通用的方法，用来响应数据的变化。当需要数据变化时，或者执行异步或开销较大的操作时，使用 watch 监听器是最有用的。watch 监听器会在监测的数据发生变化时调用相应的回调函数。

【例 3-8】watch 监听器的使用案例。代码如下。

```
<template>
  <div>
    <div>
      单价：¥{{ jiesuan.price }}
    </div>
    <div>
      数量：<input type="text" v-model="jiesuan.num">
    </div>
    <div>
      总价：<input type="text" v-model="jiesuan.total">
    </div>
  </div>
</template>
<script setup>
Import { reactive,watch} from 'vue'
const jiesuan= reactive({
price: 18,
  num: 0,
  total: 0
})
watch(jiesuan.num, (newVal, oldVal) => {
  jiesuan.total = jiesuan.price * jiesuan.num
```

```
    })
</script>
```

代码运行效果如图 3-20 所示。

图 3-20　watch 监听器的使用效果

在【例 3-8】中使用 watch 监听器监听 num 属性，一旦 num 属性发生变化，就会触发 watch 监听器，使 total 的值也随之变化。

3.4.2　watch 监听器参数

在 watch 监听器中，有一些可选参数可以通过参数设置进行更为灵活的监控，下面了解一下 watch 监听器中的监听值和初始监听这两个配置参数。

1．监听值

在 watch 监听器中可以配置监听值参数，用来对新值和旧值进行监听。在【例 3-8】的代码中进行如下的代码补充。

```
watch(jiesuan.num, (newVal, oldVal) => {
  console.log("新值: ",newVal)
  console.log("旧值: ",oldVal)
    jiesuan.total = jiesuan.price * jiesuan.num
})
```

其中，newVal 指监听对象的新值，oldVal 指监听对象的旧值。

代码运行效果如图 3-21 所示。

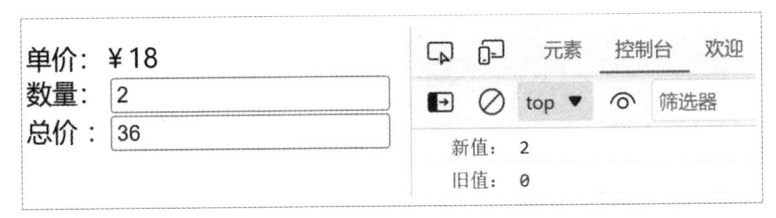

图 3-21　监听值的使用效果

2．初始监听

watch 监听器默认是懒执行的，仅在数据源变化时，才会执行回调。如果我们希望 Vue 在第一次初始化时立即调用一次 watch 监听器，则可以使用 immediate 参数配置。我们将以上代码进行简单修改，启用 immediate 参数配置。

```
watch(jiesuan.num, (newVal, oldVal) => {
  console.log("新值: ",newVal)
  console.log("旧值: ",oldVal)
    jiesuan.total = jiesuan.price * jiesuan.num
}, { immediate: true })
```

immediate 参数可以配置为 true 或 false，当配置为 true 时，一旦 Vue 实例初始化，就会立即执行回调。

代码运行效果如图 3-22 所示。

图 3-22　初始监听的使用效果

3.4.3　watch 监听器和 computed 计算属性的区别

对于许多 Vue 的初学者来说，watch 监听器和 computed 计算属性较为相似，其区别有哪些呢？在此我们对二者之间的区别进行了一个总结。

- computed 计算属性一定有返回值，而 watch 监听器不需要返回值。
- computed 计算属性在依赖的数据发生改变时重新调用，watch 监听器在监听的响应式数据发生改变时重新调用。

除此之外，还有一点很重要的区别，即 computed 计算属性不能执行异步任务，必须执行同步任务。也就是说，computed 计算属性不能向服务器发送请求或执行异步任务。如果遇到异步任务，则需要使用 watch 监听器来完成。

computed 计算属性能做的，watch 监听器都能做，watch 监听器同样可以用于监听 computed 计算属性。

任务总结与拓展

通过该任务的学习，读者不仅对 Vue 框架的事件绑定及监听有了深入的了解，还掌握了事件绑定 v-on 指令的使用方法，以及.stop 等常用的修饰符、computed 计算属性和 watch 监听器等 Vue 的相关知识。同时，读者也能通过页面事件的监听，进一步对数据进行分析，完成个性化的页面动态变化，培养读者创新实践意识。

【思考】利用 Vue 框架的事件绑定、watch 监听器及 computed 计算属性进一步完善美术馆门户网站中的登录及注册页面。

课后练习

1. 选择题

（1）Vue 为 v-on 指令提供了事件修饰符，以下不正确的是（　　）。

A．.trim B．.stop

C．.prevent D．.capture

（2）在创建 Vue 实例时，用来表示唯一的根标签的是（　　）。

A．watch B．components

C．data D．el

（3）Vue 中可以使用（　　）指令来监听 DOM 元素的事件，并触发运行 JavaScript 代码，该过程可被称为事件处理。

A．v-if B．v-on

C．v-show D．v-bind

（4）下列关于 Vue 中 computed、methods、watch 属性的描述正确的是（　　）。

A．computed 是计算属性，用户定义的计算属性只在相关响应式依赖发生改变时，才会重新求值

B．methods 用于存放组件的自定义方法

C．watch 是可以定义组件的监听器，一般在数据变化时执行异步或开销较大的操作场景中使用

D．methods 定义的属性包含 get()方法和 set()方法

（5）在 Vue 中，能够实现页面单击事件绑定的代码是（　　）。

A．v-on:enter B．v-on:click

C．v-on:mouseenter D．v-on:doubleclick

（6）Vue 为 v-on 指令提供了事件修饰符，也就是由点开头的指令后缀，其中（　　）事件修饰符用来限制事件只触发一次。

A．.stop B．.prevent

C．.once D．.self

2. 填空题

（1）Vue 中的 v-on 指令可以缩写成_____。

（2）在 Vue 中，computed 计算属性需要定义在_____。

3. 判断题

（1）在 Vue 中，computed 计算属性的属性只有 get()方法。　　　　（　　）

（2）Vue 为 v-on 指令提供了事件修饰符，阻止事件默认行为的修饰符为.once。

（　　）

4. 简答题

（1）请简述 watch 监听器和 computed 计算属性的区别。

（2）请简述 Vue 中常用的事件修饰符。

任务 4 岗位信息异步渲染

学习目标

本任务不仅要掌握 Vue 中生命周期钩子的注册与使用，以及不同生命周期钩子的运行顺序，还要理解 Axios 的作用，并熟练掌握使用 Axios 异步请求数据的方法。

【知识目标】

- 掌握生命周期钩子的注册与使用。
- 熟悉不同生命周期钩子的运行顺序。
- 掌握 json-server 插件的使用方法。
- 熟练掌握 Axios 的安装与使用。
- 掌握 Axios 拦截器的注册与使用步骤。

【技能目标】

- 能够熟练注册并使用生命周期钩子。
- 能够熟练使用 json-server 搭建模拟服务器端的接口数据环境。
- 能够熟练掌握使用 Axios 异步请求数据的方法。

【素质目标】

- 培养认真仔细的工作态度。
- 树立良好的逻辑思维能力。

项目背景

本任务负责重构"就业职通车"网站中岗位数据渲染模块。通过学习生命周期与 Axios，读者可以在浏览器端打开页面时使用生命周期钩子自动调用 Axios，从而获取 json-server 服务器端数据并渲染至页面中。

任务规划

本任务要求使用生命周期与 Axios 库，获取 json-server 服务器端数据。

任务 4.1　Vue 生命周期认识

【任务陈述】

每个 Vue 实例在创建时都需要经历一系列的初始化步骤，如设置好数据监听、编译模板、挂载实例到 DOM，以及在数据改变时更新 DOM，我们可以将其称为 Vue 实例的生命周期。在整个生命周期中，每个节点都会有一个生命周期钩子函数自动运行，我们可以在此特定阶段搭建相应功能。整个生命周期如图 4-1 所示。

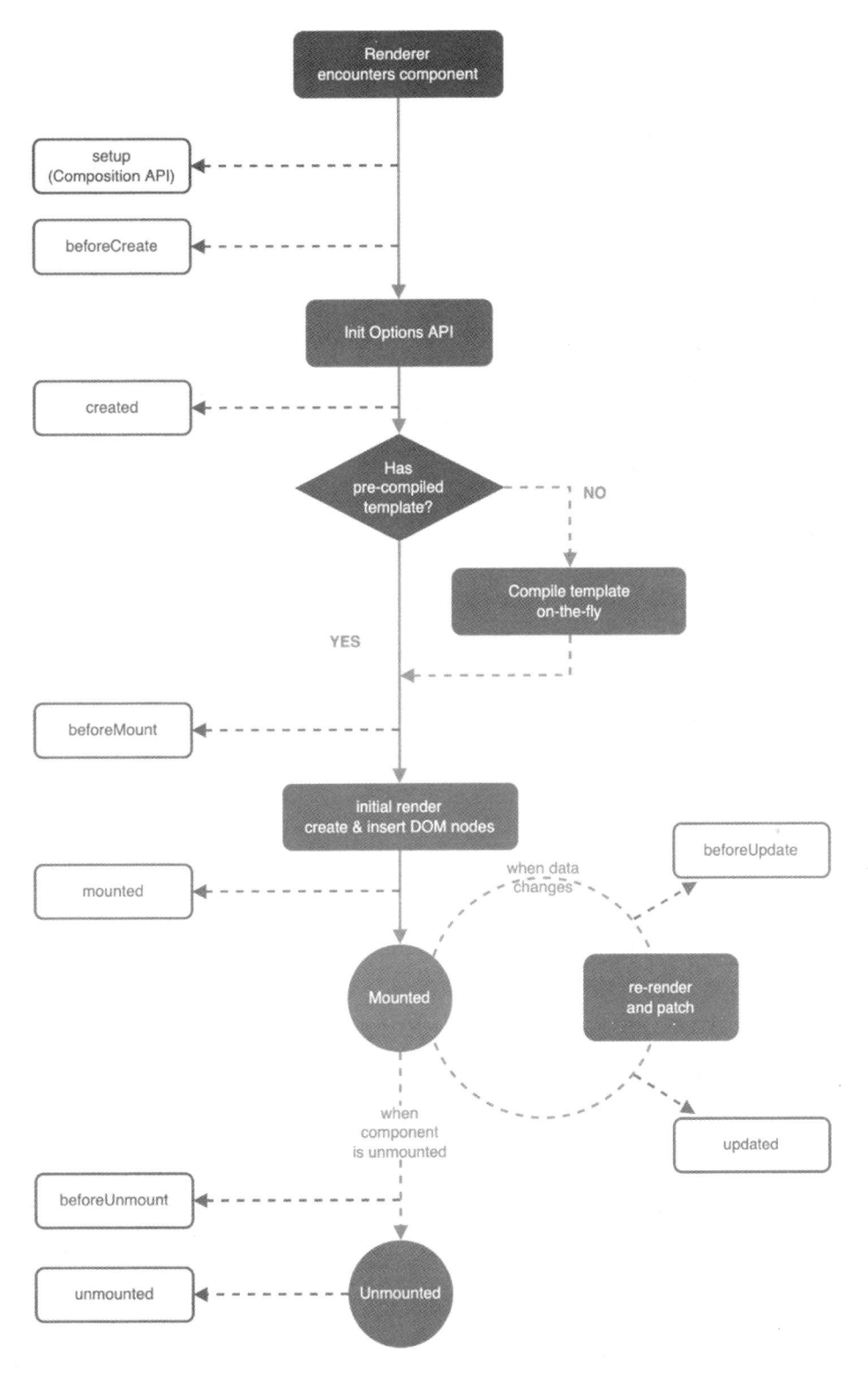

图 4-1 生命周期图示

【任务分析】

本任务需要掌握 Vue 实例生命周期钩子的运行原理，以及注册、使用的步骤。

【任务实施】

在任务 4.2 的步骤二中实现将项目应用挂载到页面中。

【知识链接】

4.1.1 生命周期钩子

生命周期钩子用来描述 Vue 实例从创建到销毁的整个生命周期，具体如表 4-1 所示。

表 4-1 生命周期钩子

生命周期钩子	组合式 API 中的调用	说明
beforeCreate	setup()	组件实例初始化完成之后立即调用
created	setup()	组件实例处理完所有与状态相关的选项后调用
beforeMount	onBeforeMount()	组件挂载前调用
mounted	onMounted()	完成组件挂载后执行
beforeUpdate	onBeforeUpdate()	组件因为响应式状态变更而更新 DOM 树之前的调用
updated	onUpdated()	组件因为响应式状态变更而更新 DOM 树之后的调用
beforeUnmount	onBeforeUnmount()	组件实例卸载之前调用
unmounted	onUnmounted()	组件实例卸载之后调用

注意：setup 钩子会在以上所有钩子之前调用。

4.1.2 注册生命周期钩子

在组合式 API 中，生命周期钩子的注册可以分为以下两个步骤。

第一步：在页面中导入生命周期钩子函数。

第二步：设置生命周期钩子函数的参数，并且该参数是一个回调函数，用来回调函数中本钩子执行的代码。

1. 页面挂载

【例 4-1】页面挂载生命周期钩子案例。代码如下。

```
<template>
    <div ref="el"></div>
</template>
<script setup>
```

```
    import {ref,onMounted,onBeforeMount} from 'vue'
    const el = ref()
    onBeforeMount(()=>{
        console.log(el.value); //undefined
    })
    onMounted(()=>{
        console.log(el.value); //<div data-v-7a7a37b1></div>
    })
</script>
```

2. 响应式状态更新

【例4-2】响应式状态更新生命周期钩子案例。代码如下。

```
<template>
    <div>
        数据展示：{{ count }}
        <button @click="count++">更新</button>
    </div>
</template>
<script setup>
    import { ref, onBeforeUpdate, onUpdated } from 'vue';
    const count = ref(0)
    onBeforeUpdate(() => {
        console.log('onBeforeUpdate', count.value);
        alert('更新中...')
    })
    onUpdated(() => {
        console.log('onUpdated', count.value);
    })
</script>
```

代码运行效果如图4-2所示。

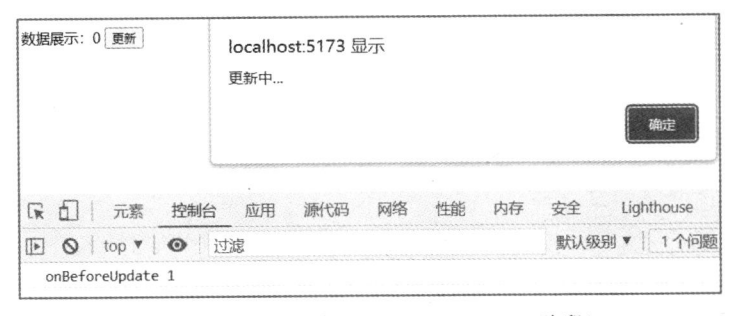

图4-2 代码运行效果（onBeforeUpdate阶段）

响应式状态已经变更，但还未重新渲染 DOM，因此页面显示的"数据展示"的值为 0，即 count 值仍为 0，而控制台输出的响应式状态 count 值为 1。单击"确定"按钮后，此时已重新渲染 DOM，因此页面显示的"数据展示"的值为 1。onUpdated 钩子执行效果如图 4-3 所示。

图 4-3　onUpdated 钩子执行效果（onUpdated 阶段）

3．实例销毁

在实例销毁前的 onUnmounted 钩子中可以执行手动清理的功能，如清理计时器、DOM 事件监听器，或者与服务器的连接。

【例 4-3】实例销毁生命周期钩子案例。代码如下。

```
<!--父组件代码-->
<template>
   <button @click="flag = !flag">切换子组合 Child</button>
   <child v-if="flag"></child>
</template>
<script setup>
   import Child from './Child.vue'
   import {ref} from 'vue'
   const flag = ref(true)
</script>
<!--子组件代码-->
<template>
   <div>child</div>
</template>
<script setup>
   import{ onMounted,onBeforeUnmount,onUnmounted } from 'vue'
```

```
    let timer
onMounted(()=>{
    timer = setInterval(()=>{
        console.log(1);
    },1000)
})
onBeforeUnmount(()=>{
    console.log('BeforeUnmount');
})
onUnmounted(()=>{
    console.log('onUnmounted');
    clearInterval(timer)
})
</script>
```

效果如图 4-4、图 4-5、图 4-6 所示。

图 4-4　页面初始效果 　　　图 4-5　单击按钮的效果 　　　图 4-6　clearInterval(timer)注释代码运行后的效果

任务 4.2　Axios 库的使用

【任务陈述】

本任务在实现"就业职通车"网站项目时，先将"最新岗位"模块的本地数据改写为 mock 数据，再通过 Axios 异步获取数据并渲染至页面中，最后将点赞数据通过 Axios 上传至服务器端数据接口中并进行渲染。

【任务分析】

本任务可以分为 6 个步骤来完成，具体流程如图 4-7 所示。

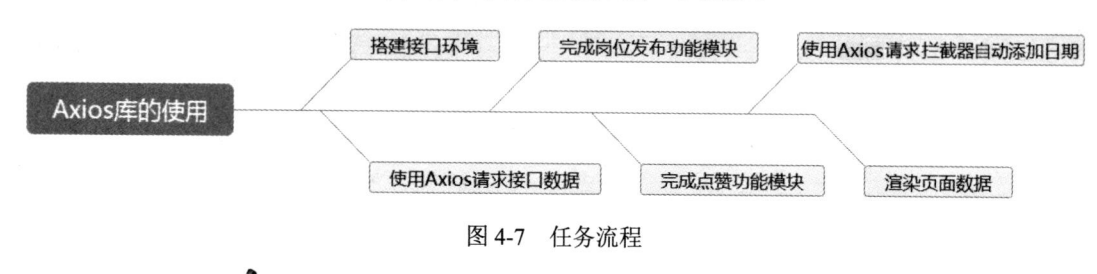

图 4-7 任务流程

【任务实施】

步骤一、搭建接口环境

这里使用 json-server 搭建模拟服务器端的接口数据环境。json-server 是一个 npm 管理包，字面上解释为一个在本地（前端）运行的，可以存储 JSON 数据的服务器。通俗来说，json-server 就是模拟服务器端的接口数据，一般用于前、后端分离开发时，前端可以不依赖后端 API 接口获取数据，而在本地搭建 JSON 服务器环境时，自行产生测试数据来测试前端开发代码。

（1）安装 json-server 插件。

在 Visual Studio Code 编辑器中将项目的根目录设为当前目录，并单击鼠标右键，在弹出的快捷菜单中选择"在集成终端中打开"选项，在打开的终端窗口中输入以下命令，将 json-server 插件安装至本项目的运行依赖中。

```
npm install json-server --save
```

（2）创建 data.json 数据文件。

在项目的根目录中新建 data.json 文件，并在 data.json 文件中建立二级数据，其中一级数据为 messageList、articleList、article，对应着服务器端的文件路径名。将 App.vue 组件中的本地数据全部剪切并放至对应的 data.json 文件中。需要注意的是，这里要将数据的注释全部删除，并调整成 JSON 格式。data.json 文件格式如下。

```
{
  "messageList": [
      {…},
       …
  ],
  "articleList":[
      {…},
       …
```

```
    ],
    "article": [
        {…},
        …
    ]
}
```

（3）设置 mock 数据。

在终端窗口中输入 json-server data.json 命令，将 data.json 数据放在模拟服务器端，地址默认为 http://localhost:3000。在 http://localhost:3000/messageList 地址中可以查看二级数据，如果出现如图 4-8 所示的 json-server 运行界面，则说明已经成功搭建了服务器端的接口数据环境。

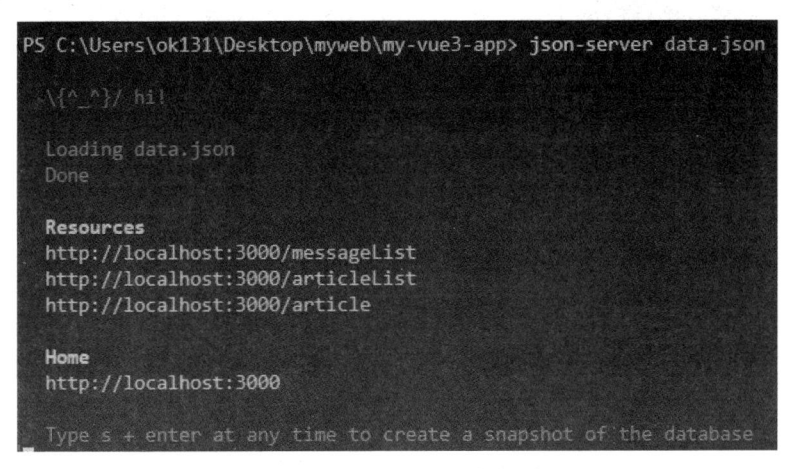

图 4-8　json-server 运行界面

（4）设置快速启动 json-server 的命令。

为了提高效率，我们需要设置快速启动 json-server 的命令，如图 4-9 所示。打开项目根目录的 package.json 文件，在"script"处输入如下代码：

```
"buildData":"json-server data.json",
```

想要快速启动 json-server，只需在终端窗口中输入如下命令即可。

```
npm run buildData
```

步骤二、使用 Axios 请求接口数据

我们可以通过 Axios 完成服务器数据的调用，并将其渲染至页面中。

（1）安装 Axios 和 vue-axios。

在终端窗口中输入以下代码，将 Axios 和 vue-axios 安装至项目的运行依赖中。

```
npm install axios vue-axios --save
```

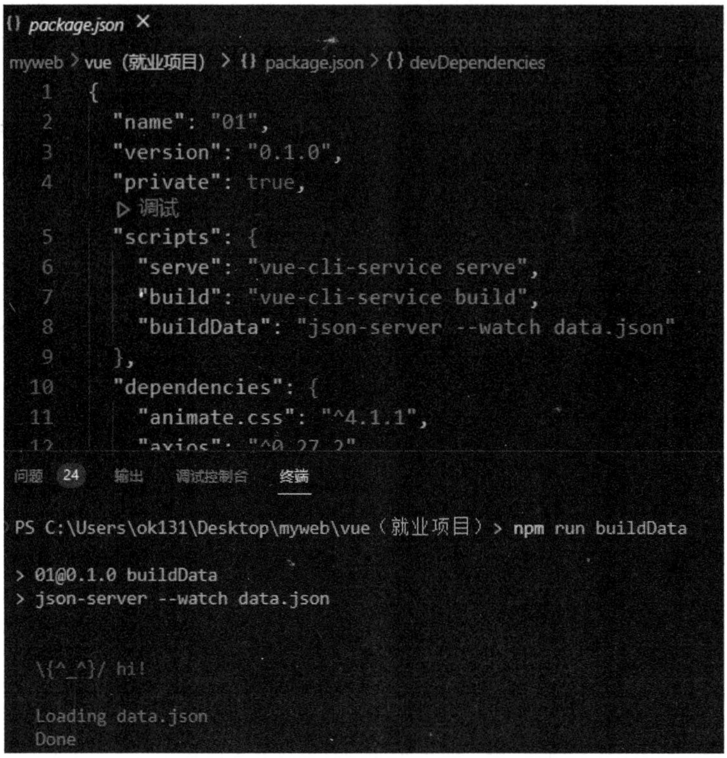

图 4-9 设置快速启动 json-server 的命令

（2）导入 Axios 和 vue-axios。

在 main.js 文件中导入 Axios 和 vue-axios，并对其进行注册。

```
import { createApp } from 'vue'
import App from './App.vue'
//导入 Axios 和 vue-axios
import axios from 'axios'
import VueAxios from 'vue-axios'
const app = createApp(App)
//注册 Axios 和 vue-axios
app.use(VueAxios,Axios)
app.mount('#app')
//设计 Vue 全局属性
app.config.globalProperties.$axios = axios
```

（3）定义获取"最新岗位"模块数据的 getComments()方法。

```
//每个页面都需要输入以下代码进行设置
const currentInstance = getCurrentInstance()
const { $Axios } = currentInstance.appContext.config.globalProperties
//获取"最新岗位"模块数据
```

```
function getComments() {
    return $Axios.get("http://localhost:3000/messageList")
}
```

（4）调用 getComments()方法获取"最新岗位"模块数据。

在 Vue 生命周期的 onBeforeMount 钩子中，通过调用 getComments()方法来请求"最新岗位"模块数据。由于数据是越早获取越方便后续的渲染，因此我们可以将数据放在 Vue 生命周期的 onBeforeMount 钩子中进行请求。

```
onBeforeMount(()=>{
    getComments().then(result => {
        if (result.status == 200) {
            messageList.content = result.data
        }
    })
})
```

刷新浏览器页面，我们可以看到页面中已经成功请求到接口地址上的 mock 数据。

步骤三、完成岗位发布功能模块

（1）定义提交"最新岗位"模块数据的 postComments()方法。

在 App.vue 组件中定义 postComments()方法，通过 Axios 的 post()方法将数据提交至服务器端的接口中。

```
//上传"最新岗位"模块发布的数据
function postComments(data) {
    return $Axios.post("http://localhost:3000/messageList", data)
}
```

（2）定义提交"岗位发布"表单数据的 submit()方法。

在 submit()方法中定义提交"岗位发布"表单的程序逻辑，其中 messageInfo 为需要上传的新数据。我们可以先使用 postComments()方法将 messageInfo 上传至接口，再通过 getComments()方法获取更新后的全部数据，并在页面中进行渲染。

```
//提交方法
function submit() {
    if (message.name.trim() == "" || message.email.trim() == "" ||
message.content.trim() == "") {
        alert("信息输入不全，请输入完整信息！")
        return
    }
    //定义数据
```

```
    let messageInfo = {
        id: Date.now(),
        email: message.email,
        name: message.name,
        content: message.content,
        scale: message.scale,
        support: 0,                        //点赞数量
        has_sup: false,                    //点赞状态
        unnamed: message.unnamed           //匿名状态
    }
    //上传数据
    postComments(messageInfo).then(postResult => {
        if (postResult.status == 201) {
            message.id = ""
            message.email = ""
            message.name = ""
            message.content = ""
            message.scale = 0
            message.support = 0
            message.has_sup = false
            message.unnamed = false
            //获取mock接口更新的数据
            getComments().then(getResult => {
                if (getResult.status == 200) {
                    messageList.content = getResult.data
                }
            })
        })
```

步骤四、完成点赞功能模块

(1) 定义上传点赞数据的 postSupportState()方法。

定义 postSupportState()方法,使用 Axios 中的 put()方法修改当前 id 属性值的点赞数据。

```
    //上传更新的点赞数据
    function postSupportState(newData) {
        return $Axios.put("http://localhost:3000/messageList/" +newData.data.id, newData.data)
    }
```

(2) 定义获取点赞数据的 getSupportState()方法。

使用 Axios 中的 get()方法获取更新后的点赞数据。

```
//获取更新的点赞数据
function getSupportState(id) {
    return $Axios.get("http://localhost:3000/messageList/" + id)
}
```

（3）定义点赞功能模块逻辑的 support()方法。

处理点赞功能模块，将其封装成 support()方法，用来强化逻辑思维。

```
//点赞方法
function support(newData) {
    //将数据传递给接口
    postSupportState(newData).then(postResult => {
        if (postResult.status == 200) {
            getSupportState(newData.data.id).then(getResult => {
                if (getResult.status == 200) {
                    messageList.content[newData.index] = getResult.data
                }
            })
        }
    })
}
```

步骤五、使用 Axios 请求拦截器自动添加日期

（1）设置 Axios 请求拦截器。

在 main.js 文件中使用 Axios 请求拦截器为新发布的招聘岗位信息自动添加 time 属性，用于记录该岗位的发布日期。

```
//设置 Axios 请求拦截器
axios.interceptors.request.use( function(config){
    //拦截成功
    if(config.data){
        config.data.time = Date.now()
    }
    return config
}, function(err){
//拦截失败
    console.error(err)
})
app.mount('#app')
```

(2) 定义调整日期格式的 parserTime() 方法。

time 属性获取到的值是时间戳,需要进行处理后才能在模板中正确地渲染时间。在 App.vue 组件中编制 parserTime() 方法,用来获取正确的时间格式。

```
<script setup>
    //解析时间戳
    function parserTime(time) {
        if (!time) {
            return
        }
        let date = new Date(time);
        let Y = date.getFullYear() + '年';
        let M = (date.getMonth() + 1 < 10 ? '0' + (date.getMonth() + 1) : date.getMonth() + 1) + '月';
        let D = date.getDate() + '日';
        return Y + M + D
    }
</script>
<template>
    <div class="message_sup">
        <!-- 渲染时间 -->
        <small> {{ parserTime(item.time) }} </small>
        ……
    </div>
</template>
```

(3) 调用 parserTime() 方法。

保存后只有在页面中重新增加招聘岗位信息,日期字段才会显示出来,而旧有信息则可以通过点赞来显示日期。

步骤六、渲染页面数据

在 Visual Studio Code 的终端窗口中,通过运行 npm run dev 命令来查看效果,此时数据已经渲染在页面中。

【知识链接】

4.2.1 mock 数据

mock 数据指的是虚假数据,前端开发人员可以使用 mock 数据来模拟开发。这样的好处是，在前、后端并行开发时，前端开发人员不用等后端开发人员开发完 API，只要定义好接口文档就可以开始工作，互不影响。只在最后的联调阶段，前、后端才进行真实数据交互。借助 mock 数据，不会出现一个团队等待另一个团队的情况，不仅可以提高开发效率，还可以提高整个产品的质量，加快产品的进度。

4.2.2 vue-axios 插件

vue-axios 插件可以将 Axios 基于 Vue 进行轻度封装，以便在 Vue 中开发与使用。

4.2.3 Axios

Axios 是一个基于 promise 的网络请求库，作用于 Node.js 和浏览器中。在服务器端使用原生 Node.js 的 HTTP 模块，而在浏览器端则使用 XMLHttpRequest。因此，Axios 本质上是对原生 XHR 的封闭，只不过它是 promise 的实现版本，符合最新的 ES 规范。

1. Axios 特性

- 从浏览器中创建 XMLHttpRequest。
- 从 Node.js 中创建 HTTP 请求。
- 支持 Promise API。
- 拦截请求和响应。
- 转换请求和响应数据。
- 取消请求。
- 自动转换 JSON 数据。
- 客户端支持防御 XSRF。

2. Axios 基本用法

Axios 的主要作用是向服务器发起 HTTP 请求。根据 HTTP 标准，HTTP 请求可以使用多种请求方法。为了方便起见，我们已经为所有支持的请求方法提供了别名，具体如下。

Axios.request(config)。

Axios.get(url[, config])。

Axios.delete(url[, config])。

Axios.head(url[, config])。

Axios.options(url[, config])。

Axios.post(url[, data[, config]])。

Axios.put(url[, data[, config]])。

Axios.patch(url[, data[, config]])。

需要注意的是,在使用别名方法时,url、method、data 这些属性都不必在配置中指定。

3. 发起 GET 请求

发起一个 GET 请求,向指定的资源请求数据,语法规则如下。

```
//向给定 ID 的用户发起请求
axios.get(url)
.then(function (response) {
    //处理成功情况
    console.log(response);
})
.catch(function (error) {
    //处理错误情况
    console.log(error);
})
.then(function () {
    //总是会执行
});
```

4. 发起 POST 请求

发起一个 POST 请求,向指定的资源提交数据并处理请求,数据包含在请求体中,语法规则如下。

```
axios.post(url, data)
.then(function (response) {
    console.log(response);
})
.catch(function (error) {
    console.log(error);
});
```

5. 发起 PUT 请求

发起一个 PUT 请求,使从客户端向服务器传送的数据可以取代指定的文档内容,语法规则如下。

```
axios.put(url, data)
.then(function (response) {
    console.log(response);
})
```

```
.catch(function (error) {
    console.log(error);
});
```

6. Axios 拦截器的分类

Axios 拦截器的作用是在每次的请求或响应被 then 或 catch 处理前拦截它们。Axios 拦截器可以分为 Axios 请求拦截器和 Axios 响应拦截器。Axios 拦截器示意图如图 4-10 所示。

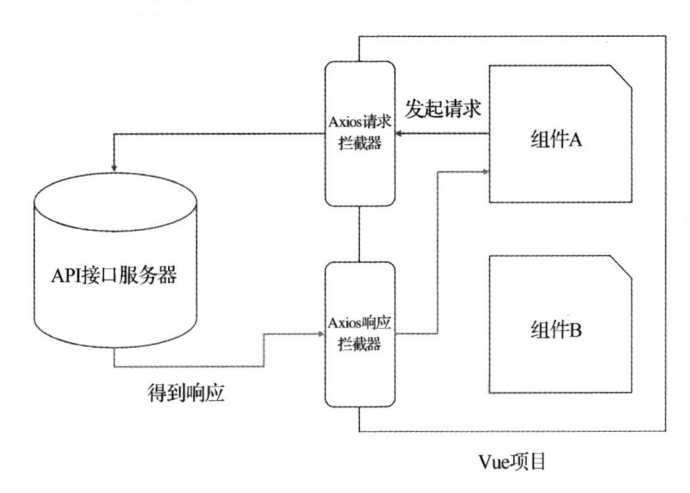

图 4-10 Axios 拦截器示意图

（1）Axios 请求拦截器。

Axios 请求拦截器可以通过 axios.interceptors.request.use()方法来配置，其语法格式如下。

```
//添加 Axios 请求拦截器
axios.interceptors.request.use(function (config) {
    //在发送请求之前做些什么
    return config;
}, function (error) {
    //对请求错误做些什么
    return Promise.reject(error);
});
```

【例 4-4】Axios 请求拦截器案例。给表单提交的数据自动添加 birthday 字段，具体代码如下。

```
//Axios 请求拦截器
$axios.interceptors.request.use(config=>{
    config.data.birthday = 'today'
    return config
```

```
},err=>console.log(err))
    $axios.post('http://localhost:3000/messageList',{
        id: Date.now(),
        email: "ala@d",
        name: "111111",
        content: "111111111111111111",
        scale: 0,
        support: 0,
        has_sup: false,
        unnamed: false,
        time: 1679373850441
    }).then(res=>console.log(res)).catch(err=>console.log(err))
```

代码运行效果如图 4-11 所示。

图 4-11　Axios 请求拦截器运行效果

（2）Axios 响应拦截器。

Axios 响应拦截器可以通过 axios.interceptors.response.use()方法来配置，其语法格式如下。

```
//添加 Axios 响应拦截器
axios.interceptors.response.use(function (response) {
    //2xx 范围内的状态码都会触发该函数
    //对响应数据做点什么
    return response;
}, function (error) {
    //超出 2xx 范围的状态码都会触发该函数
```

```
    //对响应错误做点什么
    return Promise.reject(error);
});
```

【例 4-5】Axios 响应拦截器案例。将提交查询的数据进行简化，只留下 data 数据项，删除其他属性，代码如下。

```
//Axios 响应拦截器
$axios.interceptors.response.use(res=>{
    return {
        data:res.data
    }
},err=>console.log(err))

$axios.get("http://localhost:3000/MessageList")
.then(res=>{
    console.log(res);
}).catch(err=>{
    console.log(err);
})
```

代码运行效果如图 4-12 所示。

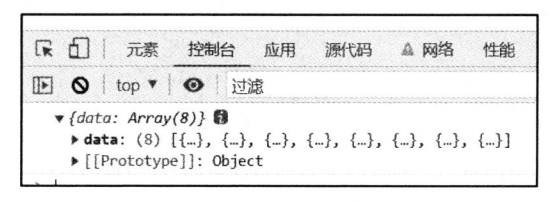

图 4-12　Axios 响应拦截器运行效果

7. 移除 Axios 拦截器

移除 Axios 拦截器的语法格式如下。

```
const myInterceptor = Axios.interceptors.request.use(function ()
    {/*...*/});
axios.interceptors.request.eject(myInterceptor);
```

任务总结与拓展

通过对本任务的学习，读者可以掌握生命周期钩子的原理、注册、使用顺序等内容；也可以熟练掌握每个生命周期常用的对应模块功能，以及 Axios 和 vue-axios 库的使用方法，并结合 Vue 的生命周期进行异步数据的请求和响应，理解 Vue 中异步数据通信的方法；还可以掌握 get()、post()、put()方法和 Axios 拦截器的使用步骤。

同时，要求读者理解生命周期钩子、json-server、Axios 异步数据请求的注册方法及使用场景，并且对封装函数有了进一步的掌握。在完成功能实现的基础上，读者可以进一步思考如何对代码进行优化，从而精简主程序代码，使逻辑更为清晰。

【思考】如何将本任务中的各功能模块设置成独立的 JS 文件，并以模块形式导入？

【思考】用户单击"确认发布"按钮后，如何才能让页面跳转至刚才增加的数据处？

课后练习

1．选择题

（1）Vue3 中响应式状态出现变更时执行的生命周期钩子是（　　）。

  A．created 与 beforeCreate

  B．onBeforeUpdate()和 onUpdated()

  C．onBeforeMount()和 onMounted()

  D．以上都不是

（2）json-server 的作用是（　　）。

  A．负责解析 JSON 数据　　　　　　B．帮助生成 JSON 数据

  C．存储 JSON 的服务器　　　　　　D．以上都是

（3）下列选项中，用于安装 Axios 的正确命令是（　　）。

  A．Node.js install Axios　　　　　　B．npm Axios

  C．npm init Axios　　　　　　　　　D．npm install Axios --save

2．填空题

（1）Axios 中_____命令可用于发送请求并获取数据。

（2）在 Vue 组合式 API 的生命周期中，created 和 beforeCreate 钩子在_____钩子后运行。

（3）在 Vite 项目中，初次导入 Axios 的文件名是_____。

3．判断题

（1）Axios 其实是对 Ajax 的封装。　　　　　　　　　　　　　　　　　　（　　）

（2）npm install Axios --save 命令将 Axios 安装到项目的开发依赖中。　　（　　）

（3）生命周期钩子需要手动运行，无法自动运行。　　　　　　　　　　　（　　）

4．简答题

（1）请简述 Vue 各个生命周期钩子的运行时间和常用功能。

（2）请简述使用 Axios 发送异步请求获取数据的过程。

任务 5

项目组件化设计

学习目标

组件是 Vue 中构成页面各部分的独立结构单元，能实现复杂的页面结构，提高代码的复用性。在实际项目开发中，组件起着非常重要的作用。本任务将带领读者认识在 Vite 环境中组件的注册、引入，以及父组件与子组件之间的传值等技术，建立初步的工程化思维。

【知识目标】

- 掌握组件的注册和导入技术。
- 熟练掌握父组件与子组件之间的传值技术。
- 掌握插槽的使用步骤。

【技能目标】

- 能够提高利用组件技术拆分复杂页面的能力。
- 能够熟练使用组件间的各项技术。

【素质目标】

- 培养精益求精、勇于创新的工匠精神。
- 培养高效的团队合作精神。

项目背景

到目前为止，本项目的大部分功能都集中在一个 App.vue 组件中实现，这显然有悖于"高耦合、低内聚"的软件设计思想。组件的引入解决了这个问题。组件是构成 Vue 项目的基本结构单元，能够减少重复代码的编写，提高开发效率，降低代码间的耦合程度，使项目更易维护和管理。不同组件之间具有基本交互功能，使用户能根据业务逻辑实现复杂的项目功能。

本项目开发的"就业职通车"网站的首页功能可以由几个组件构成，并且每个组件执行一个功能模块，组件之间可以进行通信，这些组件统一由 App.vue 组件进行组织管理，以便提高制作复杂页面的能力。

任务规划

本任务要求将招聘岗位信息列表和页面标题分别进行组件设计，即通过父组件与子组件之间的传值技术进行招聘岗位信息列表内容和点赞数据的传输，并使用插槽技术完成标题的统一管理。

任务 5.1 组件设计

【任务陈述】

本任务学习组件的创建、注册及导入，并将招聘岗位信息列表数据以组件的形式进行重构。

【任务分析】

本任务的具体实施流程如图 5-1 所示。

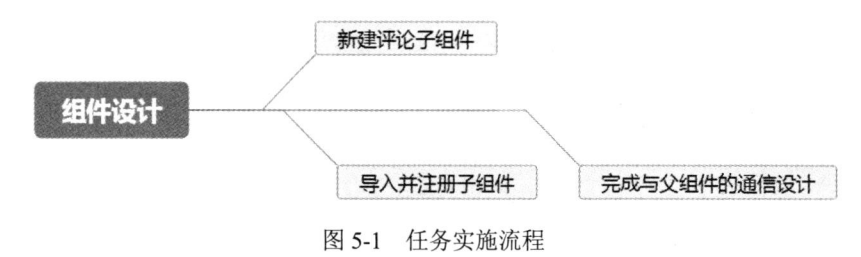

图 5-1 任务实施流程

【任务实施】

步骤一、新建评论子组件

将渲染"最新岗位"模块的代码从 App.vue 组件中剥离，在 src/components 目录下新建 Comments.vue 子组件，用来提高代码的复用性。同时，渲染"最新岗位"模块所用到的 style、function 和资源引用路径（img 标签）也需要一并剥离。代码如下。

```
<!--Comments.vue 子组件-->
<template>
    <div class="d-flex text-muted mb-3"
        v-for="(item, index) in messageList"...
        ...
    >
        ...
        <img src="../assets/img/support.png" alt=""> //修改资源路径
    </div>
</template>
<script setup>
    function parseTime(time){...}
</script>
<style scoped>
    .message_sum{}
    .support{}
    .support span{}
    .supportActived img{}
    .img{}
</style>
```

此时，页面还无法渲染 Comments.vue 子组件，需要在父组件中导入和注册。

步骤二、导入并注册子组件

在 App.vue 父组件中导入并注册 Comments.vue 子组件。

```
<!--App.vue 父组件-->
<script setup>
    import Comments from "../components/Comments.vue"
</script>
    <template>
        <!-- 招聘岗位信息列表 -->
        <div class="py-5">
            <Title>最新岗位</Title>
```

```
        <Comments ></Comments>
    </div>
</template>
```

保存后浏览器会报错，这是因为 Comments.vue 子组件中的 messageList 数据并未被获取到。

步骤三、完成与父组件的通信设计

（1）在 App.vue 父组件中利用 v-bind 指令绑定传递动态的 props 值。

```
<!--App.vue 父组件-->
<Comments
    v-bind:messageList="messageList.content"
    v-bind:avatar_male="avatar_male"
    v-bind:avatar_female="avatar_female"
>
</Comments>
```

（2）在 Comments.vue 子组件中，只需使用 defineProps()方法在 props 列表中声明传递的值和类型，即可在模板中直接使用 messageList、avatar_female 和 avatar_male 三个数据。

```
import { toRefs } from 'vue'
//接收父组件数据和方法
const props = defineProps({
    messageList:Array,
    avatar_female:String,
    avatar_male:String
})
    //toRefs()方法可以将响应式对象的每个属性都转化为 ref 对象
const {messageList, avatar_female, avatar_male} = toRefs(props)
```

通过以上步骤，我们可以将 App.vue 父组件中的数据传递到 Comments.vue 子组件中，并顺利完成数据的渲染。

【知识链接】

5.1.1 组件基础

组件（Component）是一个具有独立逻辑和功能的界面，而不同组件之间又能根据规定的接口规则进行相互通信。每个 Web 页面的各个功能块，如头部、导航、弹窗、列表、侧边栏、页脚等都可以看成是一个个的组件，页面只不过是这些组件的容器。组件示意图如图 5-2 所示。

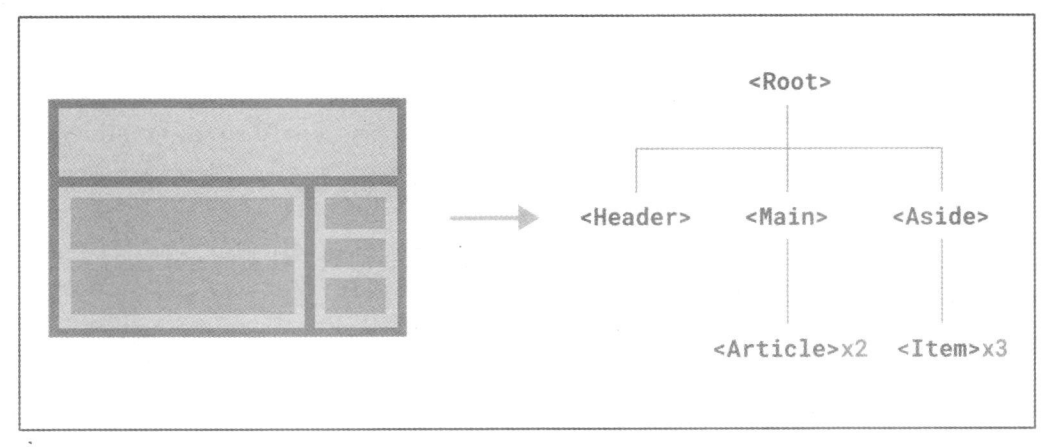

图 5-2 组件示意图

1. 定义组件

当使用构建工具时，我们一般会将 Vue 组件定义在一个单独的.vue 文件中，该文件也被称为单文件组件（Single File Component，SFC），存放在 src/components 目录下。

【例 5-1】组件案例。在 src/components 目录下创建一个计数器组件——ButtonCounter.vue，代码如下。

```
<template>
    <button @click="count++">单击了{{ count }}次</button>
</template>
<script setup>
    import { ref } from 'vue'
    const count = ref(0)
</script>
<style scoped>
    .red{
        color:red;
    }
</style>
```

从以上代码可知，Vue 的单文件组件是网页开发中 HTML、CSS 和 JavaScript 三种语言经典组合的自然延伸。将<template>、<script> 和 <style> 三个块封装在同一个文件中，用来组合组件的视图、逻辑和样式。

每个组件可以包含以下内容。

- 一个顶层<template>块。
- 一个<script>块。
- 一个<script setup>块（不包括一般的<script>块）。

- 多个<style>块。

一个 <style> 块可以使用 scoped 属性来帮助封装当前组件的样式，以免跟其他组件的样式产生冲突。

2. 使用组件

想要使用一个组件，需要在父组件中对其进行导入、注册。注册的方式分为全局注册与局部注册两种。

（1）全局注册。

在 main.js 文件中，使用 app.component()方法对组件进行全局注册。全局注册的组件在当前整个的 Vue 应用中都可以使用。语法格式如下。

```
<!--main.js 文件-->
import { createApp } from 'vue'
import MyComponent from './App.vue'   //1.导入 MyComponent 组件
const app = createApp({})
app.component(
    //注册的名字
    'MyComponent',                    //2.使用 app.component()方法进行全局注册
    //导入的组件
    MyComponent
)

//3.在当前整个应用的任意组件模板中，通过<MyComponent />自定义标签的形式进行使用
<template>
    <MyComponent />           //或者使用<my-component></my-component>标签对
</template>
```

（2）局部注册。

局部注册的组件需要在使用它的父组件中显示导入，并且只能在该父组件中使用。语法格式如下。

```
<script setup>
    //1.导入 ComponentA 组件并注册后，可以直接在组件模板中使用
    import ComponentA from './ComponentA.vue'
</script>
<template>
    //2.在组件模板中，用户可以通过<ComponentA />自定义标签的形式或<component-a></component-a>标签对来使用 ComponentA 组件
    <ComponentA />
</template>
```

(3）组件名的注册格式。

在导入和注册组件时建议使用 PascalCase（帕斯卡命名法，即所有单词的首字母大写），在模板中自定义标签通常使用 PascalCase 或者 kebab-case（短横线命名法）。比如，导入和注册组件时使用 MyComponent 组件命名，而在模板中通常以<MyComponent />自定义标签或<my-component></my-component>标签对的命名方式来使用组件。

之前已经在【例 5-1】中创建完成的 ButtonCounter.vue 计数器组件，目前在浏览器端无法预览，只有在父组件中注册、使用才能查看。代码如下。

```
//在 App.vue 组件中进行导入、注册和使用
<script setup>
    import ButtonCounter from './src/component/ButtonCounter.vue'
</script>
<template>
    <button-counter></button-counter>
</template>
```

保存后刷新页面，即可看到如图 5-3 所示的效果。

图 5-3 【例 5-1】的组件渲染效果

5.1.2 组件之间的数据通信

组件的作用域是相互独立的，目的是使代码更加简洁、容易维护。但这就意味着，不同组件之间的数据无法相互引用，需要借助一些工具来实现数据在不同组件之间的通信。在 Vue 中，组件的通信主要通过 props 传值和$emit 方法来完成。组件通信示意图如图 5-4 所示。

图 5-4 组件通信示意图

1. props 传值

子组件在内部定义 props 列表，父组件把需要传递给子组件的数据，以属性绑定（v-bind）的形式，通过 props 传值的方式传递到子组件内部，供子组件使用。

例如，在一个博客项目中，希望所有的博客文章分享相同的视觉布局，但要有不同数据内容。此时，我们需要先新建一个显示博客文章的组件，并在组件中定义样式和行为，由于数据内容来自父组件，如每篇文章的标题和内容，因此需要用到 props 传值技术。

【例 5-2】props 传值案例。代码如下。

```
<!--App.vue 父组件-->
<script setup>
    import BlogPost from './components/BlogPost.vue'
    const posts = ref([
        { id:1, title:'坚持不懈' },
        { id:2, title:'努力拼搏' },
        { id:3, title:'勇于创新' }
    ])
</script>
<template>
    <BlogPost
        v-for = "post in posts"
        :key = "post.id"
        //1.使用 v-bind 指令绑定 biaoTi 来传递 props 值
        :biaoTi = "post.title"
    />
</template>
<!--BlogPost.vue 子组件-->
<script setup>
    //2.使用 defineProps()方法在组件上将 props 传值声明为 biaoTi
    defineProps(['biaoTi])
</script>
<template>
    <h4>{{ biaoTi }}</h4>          //3.使用传递过来的 props 值 biaoTi
</template>
```

代码运行效果如图 5-5 所示。

图 5-5 props 传值案例的效果

defineProps()是用来设置 props 列表的方法，仅能用在<script setup>标签中，不需要显式导入。声明的 props 列表会自动暴露给模板。defineProps()方法会返回一个对象，其中包含了可以传递给组件的所有 props 列表。

传递给 defineProps()方法的参数，除了使用字符串数据来声明 props 传值，还可以使用对象的形式来规定 props 传值的类型。比如，要求一个 props 传值的类型为 String，其代码如下。

```
defineProps({
    biaoTi:String
})
```

2. $emit 方法

$emit 方法能够将子组件中的指令传递到父组件中。子组件通过调用内置的$emit 方法，传入自定义的事件名来向父组件抛出这个事件，父组件通过 v-on 或@来选择性地监听从子组件中抛出的事件，一旦监听到事件被抛出，就会执行父组件上相应事件的处理代码。

例如，在之前的博客案例【例 5-2】中，增加一个功能，使博客文章的文字能够放大，而页面其余部分仍使用默认字号。在【例 5-2】的基础上，使用$emit 方法来实现该效果，其代码如下。

```
<!--App.vue 父组件-->
<script setup>
    const postFontSize = ref(1)
</script>
<template>
    <div :style="{ fontSize:postFontSize + 'em'}">
        <BlogPost
            v-for="post in posts"
            :key = "post.id"
            :biaoTi = "post.title"
```

```
            //1.父组件选择性监听从子组件中抛出的自定义事件名 enlarge-text
            @enlarge-text = "postFontSize += 0.1"
        />
    </div>
</template>
<!--BlogPost.vue 子组件-->
<script setup>
    //2.通过 defineEmits()方法定义从子组件中抛出的事件
    defineEmits(['enlarge-text'])
</script>
<template>
    <div class="blog-post">
        <h4>{{ biaoTi }}</h4>
        <button
        //3.子组件通过调用内置$emit()方法,并通过传入事件名来抛出 enlarge-text 事件,
在父组件监听到 enlarge-text 事件后,即可更新 postFontSize 的值
            @click = "$emit('enlarge-text')"
        >放大字号</button>
    </div>
</template>
```

代码运行效果如图5-6所示。

图5-6 $emit方法的效果

如果需要设置文本放大的具体值,则涉及子组件向父组件传递具体的数据,需要通过$emit方法的第2个参数来完成。使用$emit方法传参的代码如下。

```
<!--MyButton 子组件-->
<script setup>
    defineEmits(['increaseBy'])   //1.定义抛出的事件
</script>
```

```
<template>
    //2.触发父组件的 increaseBy 事件，使第 2 个参数为传递的数据
    <button @click="$emit('increaseBy',3)">增大到 3</button>
</template>
<!--App.vue 子组件-->
<my-button @increaseBy="increaseFontSize"></my-button>
//3.父组件接收到的参数 n=3,将字号调整到 3em
function increaseFontSize(n){
    postFontSize.value = n
}
```

代码运行后，最终效果如图 5-7 所示。

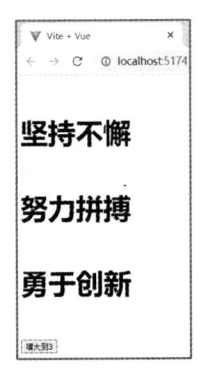

图 5-7 使用$emit 方法传参的最终效果

任务 5.2 点赞组件设计

【任务陈述】

本任务需要完成 Comments.vue 子组件中的点赞功能，效果如图 5-8 所示。

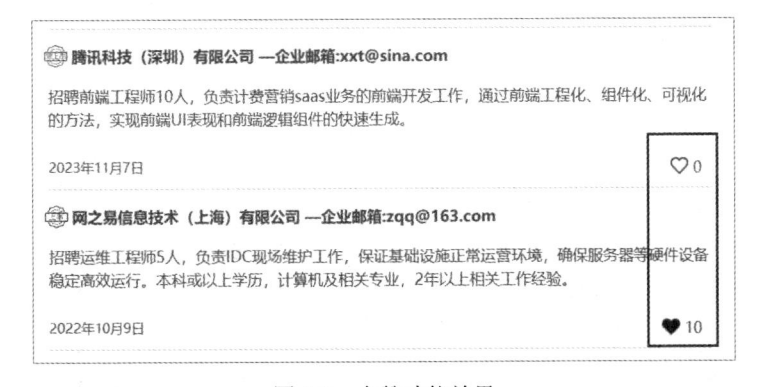

图 5-8 点赞功能效果

【任务分析】

在之前的项目中，我们完成了"最新岗位"模块数据的渲染，但点赞功能并未起作用。这是因为点赞动作发生在 Comments.vue 子组件中，但渲染的数据却保存在 App.vue 父组件中。本子任务主要让子组件通过$emit 方法向父组件通信，从而实现每单击一次点赞按钮旁边的数字则加 1，以及点赞按钮的动态切换。同时利用插槽技术完成对岗位标题的动态渲染。

本任务的具体实施流程如图 5-9 所示。

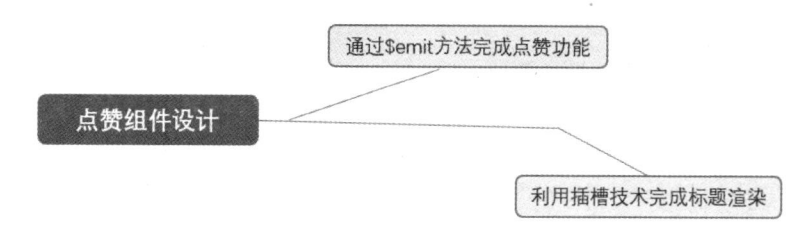

图 5-9 任务实施流程

【任务实施】

步骤一、通过$emit 方法完成点赞功能

（1）子组件抛出事件。

在 Comments.vue 子组件中，声明向父组件抛出的 parentSupport 事件，并定义 support 事件。

```
<script setup>
    //1.定义子组件向父组件抛出的 parentSupport 事件
    const emits = defineEmits(['parentSupport'])
    function support(index){
        let newData = {
            data: {
                id: messageList.value[index].id,
                email: messageList.value[index].email,
                name: messageList.value[index].name,
                content: messageList.value[index].content,
                scale: messageList.value[index].scale,
                support: messageList.value[index].support + 1,
                has_sup: true,
                unnamed: messageList.value[index].unnamed,
            },
            index: index
```

```
        }
        //2.触发父组件的parentSupport事件,传入需要修改的数据
        emits('parentSupport', newData)
    }
</script>
<template>
    //3.在div上单击时,触发support事件,同时传入当前数据的id属性值
    <div
        :class="['support', { supportActived: item.has_sup }]"
        v-on:click="support(index)"
    >
        ...
    </div>
</template>
```

（2）父组件接收数据。

App.vue 父组件接收子组件的数据，并修改 support()方法，完成点赞功能的数据更改。

```
<template>
    <Comments
        v-bind:messageList="messageList.content"
        v-bind:avatar_male="avatar_male"
        v-bind:avatar_female="avatar_female"
        //1.父组件监听parentSupport事件,一旦触发子组件,就会执行父组件的support事件
        v-on:parentSupport="support"
    >
    </Comments>
</template>
<script setup>
    //点赞方法
    function support(newData) {
        //将数据传递给接口
        postSupportState(newData).then(postResult => {
            if (postResult.status == 200) {
                getSupportState(newData.data.id).then(getResult => {
                    if (getResult.status == 200) {
                        //2.此处数据参数有修改,改为传入数据的index属性
                        messageList.content[newData.index] = getResult.data
                    }
                })
            }
        }
```

```
        })
    }
</script>
```

✎ 步骤二、利用插槽技术完成标题渲染

将项目中的"最新岗位"标题和"岗位发布"标题设置成组件，并以插槽的形式传入数据，方便标题组件的复用。

（1）新建 Title.vue 子组件，设置 slot 插槽，将其存放于 src/components 目录内。

```
<template>
    <h2 class="pt-2 pb-3 title">
        //标题内容由父组件传入，内容不定，由 slot 插槽进行占位
        <span> <slot></slot> </span>
    </h2>
</template>
```

（2）在 App.vue 父组件中引入 Title.vue 子组件，并注册使用。

```
<!-- 招聘岗位信息列表 -->
<div class="py-5">
    //父组件通过组件名标签将"最新岗位"标题传入 Title.vue 子组件的插槽处
    <Title>最新岗位</Title>
    <Comments……> </Comments>
</div>
    …
<tr>
    <td colspan="4">
        //父组件通过组件名标签将"岗位发布"标题传入 Title.vue 子组件的插槽处
        <Title>岗位发布</Title>
    </td>
</tr>
```

项目保存后，查看效果，顺利渲染。

【知识链接】✎

5.2.1 插槽

组件可以通过接受任意类型的值作为 props 传值和$emit 方法进行通信，但组件要如何接收模板内容呢？答案是，需要通过插槽技术来实现。

Vue 为了实现组件内容分发，提供了一套用于组件内容分发的 API，也就是插槽。插槽

工作示意图如图 5-10 所示。

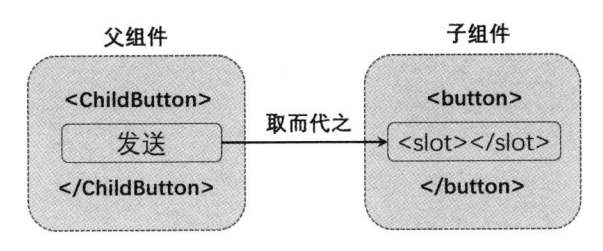

图 5-10　插槽工作示意图

【例 5-3】插槽案例。以下代码实现子组件的按钮文字由父组件传入。

```
<!--父组件-->
<template>
    <child-button>发送</child-button>
    <child-button>重置</child-button>
    <child-button>帮助</child-button>
</template>
<!--子组件-->
<template>
    <button><slot></slot></button>
</template>
```

代码运行效果如图 5-11 所示。

图 5-11　插槽效果

插槽分为默认内容插槽、具名插槽、作用域插槽、动态插槽、具名作用域插槽。下面详细介绍前 3 个插槽。

5.2.2　默认内容插槽

在父组件没有提供任何内容的情况下，使用默认内容插槽可以为插槽指定默认内容，并且只需将默认内容写在标签中间即可。

【例 5-4】默认内容插槽案例。代码如下。

```
<child-button></child-button>                    //父组件

<button>                                         //子组件
    <slot>Submit</slot>
</button>                                        //将按钮上的文字渲染为 Submit
```

但是，如果父组件提供了插槽内容，并且同时有默认内容时，则被显式提供的内容会取代默认内容，只需将【例 5-4】的代码改写为如下代码。

```
<child-button>发送</child-button>                //父组件

<button>                                         //子组件
    <slot>Submit</slot>
</button>                                        //将按钮上的文字渲染为"发送"
```

5.2.3 具名插槽

在实际开发中，组件中的插槽不止一个，有时需要多个插槽，这时需要将插槽通过 name 属性来命名，用来给各个插槽分配唯一的 ID，以确定每一处要渲染的内容。这类带 name 属性的插槽被称为具名插槽，而没有提供 name 属性的插槽出口会带有隐含的"default"。

【例 5-5】具名插槽案例。子组件代码如下。

```
<div>
    <header>
        <slot name='header'><slot>
    </header>
    <main>
        <slot><slot>
    </main>
    <footer>
        <slot name='footer'><slot>
    </footer>
</div>
```

在为具名插槽提供内容时，需要使用一个含 v-slot 指令的 template 元素，将目标插槽的名字传给该指令。同时，v-slot 指令有对应的简写#，在【例 5-5】具名插槽案例中，父组件代码如下。

```
<child-layout>
    <template v-slot:header>
        这是头部内容
    </template>
```

```
        <template #footer>            //相当于<template v-slot:footer>
            这是页脚内容
        <template>
        //相当于<template v-slot:default><p>…</p></template>
        <p>这是页面主体内容</p>
    </child-layout>
```

在上述代码中,将所有内容都传入对应插槽内,并将没有使用带 v-slot 指令的 template 元素中的内容视为默认插槽内容。最后,渲染【例 5-5】的案例,其结果如下。

```
<div>
    <header>这是头部内容</header>
    <main>
        <p>这是页面主体内容</p>
    </main>
    <footer>这是页脚内容</footer>
</div>
```

5.2.4 作用域插槽

在使用插槽时,经常会有需要同时使用父组件域内和子组件域内数据的应用场景,此时我们可以利用作用域插槽来实现。子组件在渲染时将一部分数据通过绑定方式提供给插槽。

【例 5-6】作用域插槽案例。Card.vue 子组件代码如下。

```
<template>
  <div>
    <ul>
        <li v-for="(word,index) in words" :key="word">
            <slot :item = word :i=index></slot>
        </li>
    </ul>
  </div>
</template>
<script setup>
    import {ref} from 'vue'
    const words = ref(['列表内容1','列表内容2'])
</script>
```

为了让 word 和 index 数据在父级的插槽内可用,以上代码将 word 和 index 数据作为 <slot>元素的两个属性 item 和 i 分别进行绑定。在父组件中将 v-slot 赋值给 slotProps,用来接收一个对象,而对象里面的内容是子组件中的两个绑定属性 item 和 i。在【例 5-6】作用域插槽案例中，父组件代码如下。

```
<card>
    <template v-slot="slotProps">
        {{ slotProps.i }}-{{ slotProps.item }}
    </template>
</card>
```

任务总结与拓展

通过对本任务的学习，读者可以掌握子组件向父组件传值，以及通过插槽技术进行模板内容传递。其中涉及的知识点较多且杂乱，读者可以通过自己绘制数据通信图的方式来厘清思路，以便加强对该内容的理解。

在了解了组件的建立、导入、注册和使用的基础上，掌握组件间的数据通信方式，并对插槽技术具有一定程度的理解。对于初学者来说，这部分内容知识点多且杂，在项目实施过程中难免出现各种意料之外的问题，所以一定要保持耐心细致，学会发现问题、解决问题、总结经验，培养逐步探索精神和自学能力。下面提出了一个项目实施过程中经常遇到的问题，希望读者能够自主思考、积极探索、发现解决方法。

【思考】如何实现双向维护父子组件数据同步技术（无论是修改父组件数据，还是子组件数据，这两者共享的数据都会同步进行更新）？

课后练习

1. 选择题

（1）当在父组件模板中使用子组件的标签名时要求使用（　　）。

    A．帕斯卡命名法

    B．短横线命名法

    C．驼峰命名法

    D．帕斯卡命名法和短横线命名法

（2）props 传值实现的是（　　）。

    A．父->子组件传值　　　　B．子->父组件传值

    C．同级组件间的传值　　　D．以上都不是

（3）插槽（　　）功能。

    A．可以实现父->子组件传值　　B．不能实现传值

    C．可以实现子->父组件传值　　D．可以实现模板内容的传递

2．填空题

（1）_____方法实现子组件向父组件的传值。

（2）在 Vue 项目的目录中，src/components 目录是用于存放_____。

（3）v-slot:的简写符号是_____。

3．判断题

（1）组件是前端工程化项目的基本结构单位。（　　）

（2）有 name 属性的可以被称为具名插槽，没有 name 属性的不能被称为具名插槽。

（　　）

（3）App.vue 是 Vue3 项目中的根组件。（　　）

4．简答题

（1）请简述父组件与子组件之间传值的各种技术及实现步骤。

（2）请简述组件在整个 Vue3 项目中的作用。

任务 6

"就业服务"模块设计

学习目标

在 Vue 这类单页面应用中如何进行页面跳转功能呢？这就需要使用到 vue-router 了。本任务将介绍 vue-router 的配置及其使用方法。

【知识目标】

- 掌握路由的下载与配置。
- 掌握路由规则的定义与使用。
- 掌握路由嵌套的使用方法。
- 熟悉编程式路由和带参路由。

【技能目标】

- 能够使用 Vue 路由系统构建较为复杂的单页面应用系统。

【素质目标】

- 培养开拓进取的精神。

项目背景

在学习了组件后，读者对 Vue 框架构建的整个项目系统具有一个更清晰的结构认识。在未接触组件和 Vue 路由系统之前，我们将所有的页面和子组件都放置于 App.vue 主容器中，显然这是不太合适的，如果项目更为复杂，系统的结构和可读性就会变得非常差。在本任务中，我们将重新调整项目结构，以路由的形式更加合理地构建项目，并通过路由实现"就业服务"模块的开发和单页面的应用跳转。

任务规划

本任务要求使用 Vue 路由系统进行"就业服务"模块的设计。

任务 6.1　"热门招聘"和"就业服务"模块导航设计

【任务陈述】

本任务要求使用 Vue 路由系统设计"热门招聘"和"就业服务"模块的导航功能，并实现"热门招聘"模块和"就业服务"模块之间的单页面应用链接和跳转效果。"热门招聘"模块和"就业服务"模块的页面效果，分别如图 6-1 和图 6-2 所示。

图 6-1　"热门招聘"模块的页面效果

图 6-2　"就业服务"模块的页面效果

【任务分析】

一般来说，一个相对完整的 Vue 项目中会包含一个主容器（App.vue），以及若干页面文件（通常放置于 pages 目录中）和众多组件文件（通常放置于 components 目录中）。在本任务中，我们将按照图 6-3 所示的结构重新梳理项目，从而实现"热门招聘"模块和"就业服务"模块之间的单页面应用链接和跳转效果。

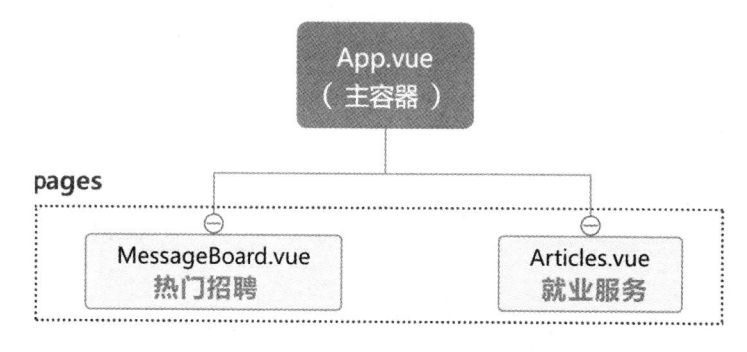

图 6-3　路由系统重构图

要想实现该任务，读者需要对以下知识有所掌握。
- vue-router 的下载与配置。
- vue-router 的基础用法。
- 路由链接样式的设置。
- 路由重定向的设置。

任务流程如图 6-4 所示。

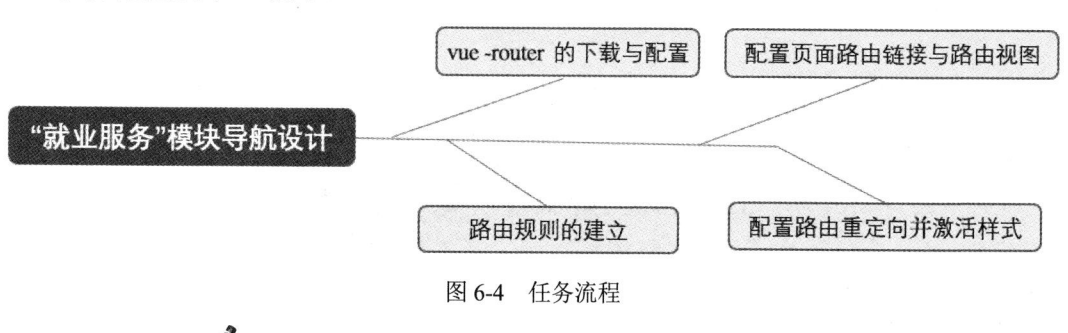

图 6-4　任务流程

【任务实施】

步骤一、vue-router 的下载与配置

vue-router 是 Vue 的官方路由，为 Vue 提供富有表现力的、可配置的、方便的路由。它与 Vue 核心深度集成，可以轻而易举地利用 Vue 构建单页面应用。单页面应用，顾名思义，只有一个页面，无法形成真正意义上的页面切换，浏览器中的页面切换实质上是组件间的切换。vue-router 正是通过定义 URL 地址路径与组件间的映射关系形成的路由。下面首先讲解 vue-router 的下载与配置。

（1）在项目的根目录中使用 npm 包管理工具下载 vue-router。

```
npm install vue-router -S
```

（2）新建路由配置规则，路由的本质其实就是一种对应关系。比如，在浏览器地址栏中输入需要访问的 URL 地址之后，浏览器就会请求这个 URL 地址对应的资源，使 URL 地址和真实的资源之间有了一种对应关系，即路由。在 src 目录下，先新建 router 目录，再在该目录中新建 index.js 文件并输入如下代码，用于配置路由规则。

```javascript
//1.导入包
import { createRouter,createWebHashHistory } from "vue-router";

//2.制定路由规则。路由规则是一个数组，我们暂时置空
const routes = [ ]

//3.使用工厂函数创建路由实例
const router = createRouter({
    //将路由模式配置为 Hash 模式
    history:createWebHashHistory(),
    //将路由规则 routes 挂载到 router 对象的 routes 属性上
    routes:routes
})

//4.导出路由实例
export default router
```

通过以上代码我们便完成了一个简单的 Vue 路由配置。但是，目前 routes 数组暂时为空，也就是路由地址和 Vue 组件之间的对应关系暂时还未建立。

（3）将路由实例挂载到 Vue 项目中，并在 main.js 文件中输入如下代码。

```javascript
import { createApp } from 'vue'
import App from './App.vue'
//导入路由
import router from './router/index.js'
const app = createApp(App)
//挂载路由实例
app.use(router)
app.mount('#app')
```

至此，我们便完成了一个简单路由系统的配置。接下来，我们将重新设计项目结构，建立项目组件和 URL 地址的一一对应关系。

步骤二、路由规则的建立

（1）在项目的 src 目录下新建 pages 目录，用于放置页面文件。在 pages 目录中新建

MessageBoard.vue（热门招聘页）和 Articles.vue（就业服务页）组件。项目结构如图 6-5 所示。

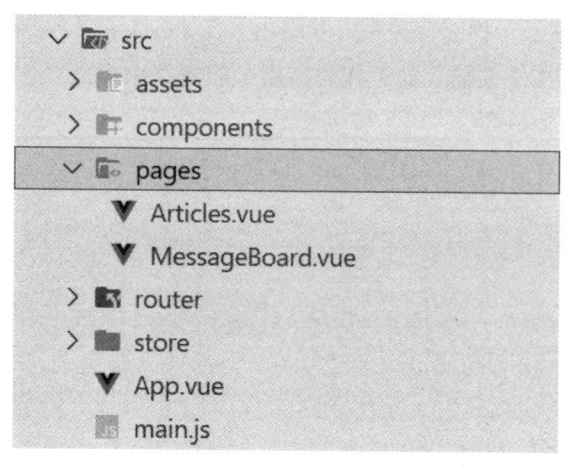

图 6-5　项目结构

（2）将原来 App.vue 组件 container 容器中的内容迁移至 MessageBoard.vue 组件中，同时将<script>标签中的相关代码也迁移至 MessageBoard.vue 组件中。通过这个步骤将原有热门招聘页的内容分离至 MessageBoard.vue 组件中，使得项目更加模块化，便于后期管理与维护。

（3）在 Articles.vue 组件页面中，布局就业服务页的基础结构。

```
<template>
    <div>
        <nav class="py-2 bg-light border-bottom">
            <div class="container d-flex flex-wrap">
                <ul class="nav me-auto">
                    <li class="nav-item">
                        <a href="#"
                            class="nav-link link-secondary px-2 ">
                            推荐好文
                        </a>
                    </li>
                    <li class="nav-item">
                        <a href="#"
                            class="nav-link link-secondary px-2">
                            生态系统
                        </a>
                    </li>
                </ul>
```

```
            </div>
        </nav>
    </div>
</template>
```

（4）在 router 文件夹的 index.js 文件中，配置 Vue 组件与路由地址之间的对应规则。

```
//1.导入路由需要的包
import { createWebHashHistory ,createRouter } from "vue-router";
//2.导入相关组件
import Articles from "../pages/Articles.vue"
import MessageBoard from "../pages/MessageBoard.vue"
//3.制定路由规则
const routes=[
    { path:"/messageboard",name:"热门招聘", component:MessageBoard },
    { path:"/articles",name:"就业服务", component:Articles }
]
```

通过步骤二的配置，我们便成功建立了 Vue 组件资源与路由地址之间的一一对应关系。

步骤三、配置页面路由链接与路由视图

因为 Vue 是单页面应用，无法和传统 HTML 网站一样实现多页面链接跳转，此时就需要使用<router-view>标签进行页面渲染。<router-view>标签是 vue-router 提供的元素，当路由规则匹配到对应的组件时，就会将这个组件渲染至<router-view>标签中。所以，我们可以把<router-view>标签认为是一个页面占位符，专门用于渲染路由规则对应的组件。

在 App.vue 组件中通过<router-link>路由导航标签指定跳转路径，并使用<router-view>标签加载路由视图。

```
<template>
  <div>
    <!-- 导航栏 -->
    <header class="d-flex flex-wrap align-items-center
                justify-content-center py-3 border-bottom">
      <ul class="nav col-12 col-md-auto mb-2
                justify-content-center mb-md-0">
        <li>
          <!-- router-link 路由导航 -->
          <router-link to="/messageboard"
                    class="nav-link px-2 link-dark">
              热门招聘
```

```
            </router-link>
        </li>
        <li>
            <!-- router-link 路由导航 -->
            <router-link to="/articles"
                         class="nav-link px-2 link-secondary">
                就业服务
            </router-link>
        </li>
    </ul>
    </header>
    <!-- 路由视图 -->
    <router-view></router-view>
    </div>
</template>
```

步骤四、配置路由重定向并激活样式

下面对路由系统进行路由重定向并激活样式。

（1）配置路由重定向规则，当访问项目首页时，能自动跳转至"/messageboard"地址，即展示热门招聘页。在router目录的index.js文件中，输入如下代码进行重定向配置。

```
//......
//3.制定路由规则
const routes=[
    //配置路由重定向
    {path:"/",redirect:"/messageboard"},
    { path:"/messageboard",name:"热门招聘", component:MessageBoard },
    { path:"/articles",name:"就业服务", component:Articles }

]
//......
```

（2）配置路由激活样式。当在router目录的index.js文件中指定<router-link>标签激活路由导航时，它所呈现的样式为link-dark。

```
//......
//3.制定路由规则
const routes=[
    //配置路由重定向
    {path:"/",redirect:"/messageboard"},
    { path:"/messageboard",name:"热门招聘", component:MessageBoard },
```

```
        { path:"/articles",name:"就业服务", component:Articles }

    ]

    //4.使用工厂函数创建路由实例
    const router = createRouter( {
        //配置路由激活样式
        linkActiveClass:"link-dark",
        routes:routes,
        history: createWebHashHistory()
    } )
    //......
```

（3）通过 npm run dev 命令重新渲染项目，分别单击"热门招聘"和"就业服务"导航按钮，便可看到如图 6-1 和图 6-2 所示的页面效果。

【知识链接】

6.1.1 路由介绍

路由分为前端路由和后端路由。在 Vue 中，我们主要学习的是前端路由。前端路由是根据不同的事件来显示不同的页面内容的，即事件与事件处理函数之间的对应关系通过路由的监听事件分别执行事件处理函数。

Vue Router 是 Vue 官方的路由管理器。它与 Vue 核心深度集成，可以让构建单页面应用变得易如反掌。路由实际上可以理解为指向，即在页面上单击一个按钮即可展示对应的组件，这就是路由跳转。Vue Router 的主要功能如下。

- 嵌套路由映射。
- 动态路由选择。
- 模块化、基于组件的路由配置。
- 路由参数、查询、通配符。
- 展示由 Vue 过渡系统提供的过渡效果。
- 实现细致的导航控制。
- 自动激活 CSS 类的链接。
- 支持 HTML5 History 模式或 Hash 模式。
- 可定制滚动行为。
- URL 的正确编码。

在 Vue 中，我们可以通过以下命令进行路由的安装。

```
npm install vue-router
```

6.1.2 路由的使用

路由主要包括路由导航、路由视图、路由规则等核心模块，如图 6-6 所示。

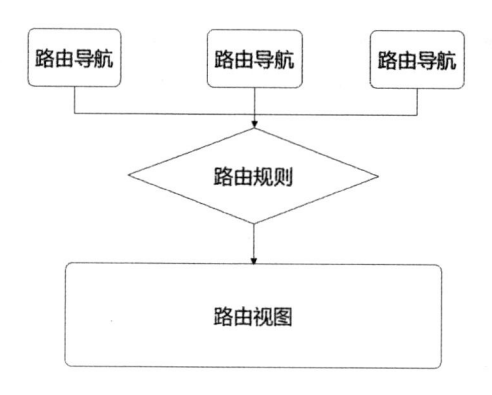

图 6-6　路由核心模块

路由导航的<router-link>标签用来创建链接，类似于常规的<a>标签。这使得 vue-router 可以在不重新加载页面的情况下更改 URL，处理 URL 的生成及编码。

路由视图的<router-view>标签将显示与 URL 对应的组件。我们可以把它放在任何地方，以适应自己的布局。不同的 router-view 组件可以使用 name 属性加以区分。

下面通过【例 6-1】的案例来讲解 Vue 路由系统的使用。

【例 6-1】路由系统案例。具体步骤如下。

（1）新建 Vue 项目，在 src 目录下新建 components 目录，用于放置应用组件。在 components 目录下新建 Poetry.vue 组件和 Prose.vue 组件，分别用于表示"古诗词"页面和"散文"页面，如图 6-7 所示。

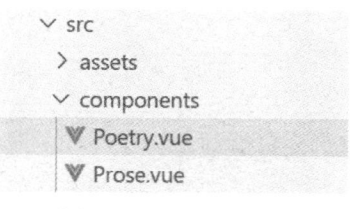

图 6-7　组件目录结构

（2）分别在 Poetry.vue 组件和 Prose.vue 组件中输入代码。

在 Poetry.vue 组件中输入如下代码。

```
<template>
  <ol>
```

```
    <li>春江花月夜——张若虚</li>
    <li>江畔独步寻花——杜甫</li>
    <li>独坐敬亭山——李白</li>
    <li>江南春——杜牧</li>
    <li>竹里馆——王维</li>
    <li>望洞庭——刘禹锡</li>
    <li>江雪——柳宗元</li>
  </ol>
</template>
```

在 Prose.vue 组件中输入如下代码。

```
<template>
  <ol>
    <li>话说谦让——梁实秋</li>
    <li>风中跌倒不为风——林清玄</li>
    <li>人生的乐趣——林语堂</li>
    <li>北平的四季——郁达夫</li>
    <li>为了忘却的记念——鲁迅</li>
    <li>缘起缘灭还自在——李叔同</li>
    <li>非走不可的弯路——张爱玲</li>
  </ol>
</template>
```

（3）新建 router 目录，并在 router 目录下新建 index.js 文件，用于书写路由配置。页面目录结构如图 6-8 所示。

图 6-8 页面目录结构

（4）在 index.js 文件中输入如下代码，用于配置路由规则。

```
import {createWebHashHistory,createRouter} from "vue-router";
import Poetry from '../components/Poetry.vue'
import Prose from '../components/Prose.vue'
const routes = [
    { path: '/poetry', name:"古诗词", component: Poetry },
```

```
        { path: '/prose', name:"散文", component: Prose }
    ]
    const router = createRouter({
        history: createWebHashHistory(),
        routes:routes
    });
    export default router
```

在以上代码中，我们定义了 routes 数组，用于配置路由资源。当访问不同的 URL 地址时，路由分别展示不同的组件。

path 表示 URL 路径。

name 表示当路由指向此页面时显示的名字。

component 表示 URL 地址对应加载的组件。

（5）设计好的路由规则需要挂载到 Vue 实例上，在 main.js 目录中引入路由规则并全局注册。

```
import { createApp } from 'vue'
import App from './App.vue'
import router from './router/index.js'
const app = createApp(App)
app.use(router)
app.mount('#app')
```

（6）在 App.vue 组件中，使用<router-link>标签定义链接地址，使用<router-view>标签展示路由。

```
<template>
  <div>
    <router-link to="/poetry">
      <button>古诗词</button>
    </router-link>

    <router-link to="/prose">
      <button>散文</button>
    </router-link>

    <router-view></router-view>
  </div>
</template>
<script setup>
```

```
</script>
<style>
*{
  margin: 0;
  padding:0;
}
button{
  border: none;
  width: 100px;
  height: 26px;
  border-radius: 26px;
  background-color: orange;
  color: white;
  margin:10px;
}
ol {
  list-style-position: inside;
}

ol li:nth-child(2n+1) {
  background-color: skyblue;
}
</style>
```

通过 npm run dev 命令运行项目，单击"古诗词"按钮和"散文"按钮，即可完成不同组件的加载和展示。项目运行效果如图 6-9 所示。

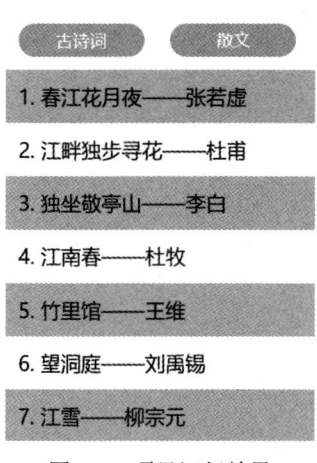

图 6-9 项目运行效果

6.1.3 路由重定向

路由重定向是指通过路由方法将某个网络请求重新定向，转到其他位置。例如，将一个路由地址 A 与另一个路由地址 B 联系起来，在执行路由地址 A 时会跳转执行路由地址 B。

在 Vue 中路由重定向可以通过 redirect 关键字指定。例如：

```
const routes=[
    //首页路由重新定向到登录页面
    {path:'/',redirect:'/login'},
    {path:'/login',name:'登录页面',component:login},
    {path:'/res',name:'注册页面',component:res},
]
```

在以上代码中，通过 redirect 关键字进行路由的重定向，当路由进入"/"主页面时，会被重定向至"/login"登录页面。

6.1.4 路由激活样式

所谓的路由激活样式是指当通过<router-link>标签激活路由导航时，它所呈现的样式。我们可以通过 linkActiveClass 设置路由的激活样式。例如：

```
const routes=[
    {path:'/login',name:'登录页面',component:login},
    {path:'/res',name:'注册页面',component:res},
]
const router = createRouter( {
    //路由激活样式
    linkActiveClass:'active',
    history: createWebHistory(),
    routes:routes,
} )
```

当制定路由规则时，我们可以将路由激活时呈现的样式设置为 active。下面只需定义 active 所呈现的样式即可。

```
<style scoped>
    .active{
        background: yellow;
    }
</style>
```

6.1.5 路由模式

在创建路由器实例时，有两种模式可供选择，分别为 Hash 模式和 HTML5 模式。

Hash 模式可以使用以下方式进行创建。

```
import { createRouter, createWebHashHistory } from 'vue-router'

const router = createRouter({
  history: createWebHashHistory(),
  routes: [
    //...
  ],
})
```

HTML5 模式可以使用以下方式进行创建。

```
import { createRouter, createWebHistory } from 'vue-router'

const router = createRouter({
  history: createWebHistory(),
  routes: [
    //...
  ],
})
```

Hash 模式的路由地址上将出现一个 Hash 字符（#），如 "http://127.0.0.1:5173/#/user"，而 HTML5 模式的路由地址则会看起来很正常，如 "http://127.0.0.1:5173/user"。

任务 6.2 "就业服务"模块子路由设计

实训指导 12

6-1 任务 1 路由

【任务陈述】

本任务要求通过路由的嵌套模式来设计"就业服务"模块，并在"就业服务"模块下设计子路由，从而实现"就业指导"模块和"推荐企业"模块之间的跳转切换，其页面效果分别如图 6-10 和图 6-11 所示。

图 6-10 "就业指导"模块的页面效果

图 6-11 "推荐企业"模块的页面效果

【任务分析】

本任务需要在"就业服务"模块下部署"就业指导"和"推荐企业"两个子模块，模块结构如图 6-12 所示。除此之外，本任务还需要实现两个子模块的跳转链接，这就需要读者

任务 6 "就业服务"模块设计

对以下知识有所掌握。

- 路由的嵌套规则。
- 嵌套路由的使用。

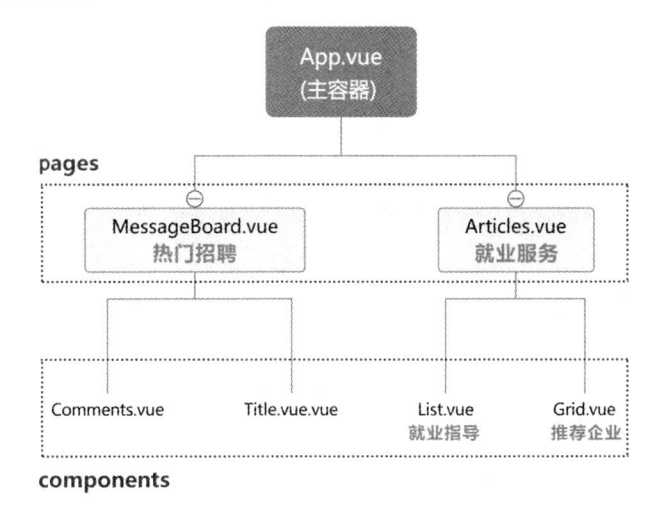

图 6-12 模块结构

任务流程如图 6-13 所示。

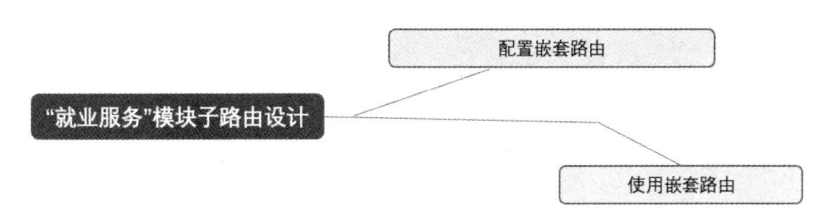

图 6-13 任务流程

【任务实施】

步骤一、配置嵌套路由

（1）在 components 目录下新建 List.vue 组件和 Grid.vue 组件，用于设计"就业指导"模块和"推荐企业"模块。"就业服务"模块的项目结构如图 6-14 所示。

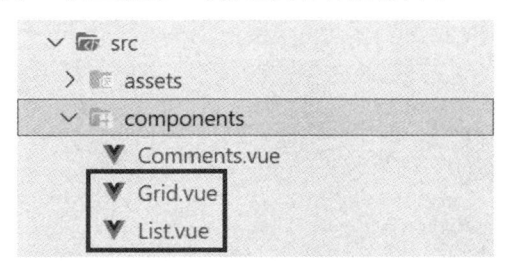

图 6-14 "就业服务"模块的项目结构

（2）分别在 List.vue 组件和 Grid.vue 组件中输入代码。

List.vue 组件中的代码如下。

```html
<template>
    <div>
        <div class="list-group ps-5 pe-5 pt-5 pb-5">
            <!-- 文章列表 -->
            <div class="list-group-item list-group-item-action
                    d-flex gap-3 py-3"
                style="cursor:pointer">
                <div class="d-flex gap-2 w-100
                        justify-content-between">
                    <div>
                        <h6 class="mb-0">初入职场，如何自我介绍？}</h6>
                        <p class="mb-0 opacity-75">陈晓</p>
                    </div>
                    <small class="opacity-50 text-nowrap">
                        初入职场，做好个人介绍是迈向成功的第一步。
                    </small>
                </div>
            </div>
        </div>
    </div>
</template>
```

Grid.vue 组件中的代码如下。

```html
<template>
    <div class="list-group ps-5 pe-5 pt-5 pb-5">
        <!-- 文章列表 -->
        <div class="list-group-item list-group-item-action
                d-flex gap-3 py-3"
            style="cursor:pointer">
            <div class="d-flex gap-2 w-100 justify-content-between">
                <div>
                    <h6 class="mb-0">华为</h6>
                    <p class="mb-0 opacity-75">
                        华为技术有限公司成立于1987年，总部位于广东省深圳市龙岗区。
                    </p>
                </div>
            </div>
```

```
            </div>
        <!-- 文章列表 -->
        <!-- ...... -->
    </div>
</template>
```

（3）在 router 目录的 index.js 文件中定义嵌套路由的规则，并将路由规则嵌套的子路由挂载到 children 属性下。

```
import { createWebHashHistory ,createRouter } from "vue-router";
import Articles from "../pages/Articles"
import MessageBoard from "../pages/MessageBoard"
//导入嵌套路由
import Grid from "../components/Grid"
import List from "../components/List"
//配置路由规则
const routes = [
    {path:"/",redirect:"/messageboard"},
    {path:"/messageboard",name:"热门招聘",component:MessageBoard,
    {path:"/articles",name:"就业服务",component:Articles,
        //嵌套路由规则
        children: [
            // "就业指导"模块子路由
            { path: 'list', component: List },
            // "推荐企业"模块子路由
            { path: 'grid', component: Grid },
        ]
    }
]
//创建路由
const router = createRouter({
    linkActiveClass:"link-dark",
    history:createWebHashHistory(),
    routes:routes
})
//导出路由
export default router
```

需要注意的是，在嵌套路由中不需要添加"/"路径符号。

步骤二、使用嵌套路由

vivify.css 是一个强大的动画库,通过该动画库能够方便快速地设计页面交互动画。

(1)在 pages 目录下的 Articles.vue 组件中定义路由导航和路由视图。

```
<template>
  <div>
      <nav class="py-2 bg-light border-bottom">
        <div class="container d-flex flex-wrap">
          <ul class="nav me-auto">
            <li class="nav-item">
              <!-- 路由导航 -->
              <router-link to="/articles/list"
                      class="nav-link link-secondary px-2 ">
                就业指导
              </router-link>
            </li>
            <li class="nav-item">
              <!-- 路由导航 -->
              <router-link to="/articles/grid"
                      class="nav-link link-secondary px-2">
                推荐企业
              </router-link>
            </li>
          </ul>
        </div>
        <!-- 路由视图 -->
        <router-view></router-view>
      </nav>
  </div>
</template>
```

(2)对嵌套的子路由进行路由重定向。

```
const routes = [
    {path:"/",redirect:"/messageboard"},
    {path:"/messageboard",name:"热门招聘",component:MessageBoard,
    {path:"/articles",name:"就业服务",component:Articles},
    //嵌套路由规则
    children: [
        //子路由重定向
        {path:"/articles",redirect:"/articles/list"},
```

```
            // "就业指导"模块子路由
            { path: 'list', component: List },
            // "推荐企业"模块子路由
            { path: 'grid', component: Grid },
        ]
    }
]
```

这里通过 redirect 关键词,将"/articles"页面重定向至"/articles/list"页面,即"就业指导"模块。

【知识链接】

本任务仅包含路由嵌套的相关知识。

一些应用程序的页面视图由多层嵌套的组件构成。在这种情况下,URL 地址标识的片段通常对应于特定的嵌套组件结构。URL 地址的路径所对应的相应的嵌套组件,如图 6-15 所示。

我们可以通过 Vue Router 的嵌套路由配置来表达这种层次关系。下面在【例 6-1】的基础之上继续补充代码,对路由的嵌套使用进行解释说明。

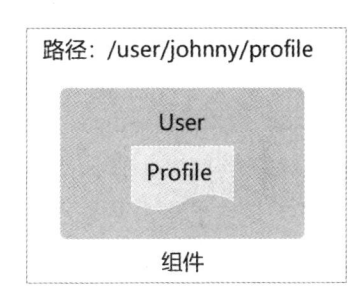

图 6-15 嵌套组件的 URL 地址标识

(1)在 components 目录下新建 libai.vue 组件和 dumu.vue 组件,用于表示"李白"和"杜牧"的诗选页面。

libai.vue 组件的代码如下。

```
<template>
    <p>李白(701 年—762 年),字太白,号青莲居士,中国唐朝诗人。为人爽朗大方,乐于交友,爱好饮酒作诗,名列"酒中八仙"。著有《李太白集》,代表作有《望庐山瀑布》《行路难》《蜀道难》《将进酒》《早发白帝城》等。</p>
    <h4>代表作</h4>
    <ol>
        <li>望庐山瀑布</li>
        <li>行路难</li>
        <li>蜀道难</li>
        <li>将进酒</li>
        <li>早发白帝城</li>
    </ol>
</template>
```

dumu.vue 组件的代码如下。

```
<template>
    <p>杜牧（803年—约852年），字牧之，号樊川居士，京兆万年（今陕西西安）人，唐代杰出的诗人、散文家，与李商隐并称"小李杜"。杜牧在26岁中进士，先后官至弘文馆校书郎，淮南节度掌书记，理人国史馆修撰，黄州、睦州刺史等职。诗歌以七言绝句著称，内容以咏史抒怀为主，其诗英发俊爽，多切经世之物，在晚唐成就颇高。</p>
    <h4>代表作</h4>
    <ol>
        <li>泊秦淮</li>
        <li>江南春</li>
        <li>赤壁</li>
        <li>题乌江亭</li>
    </ol>
</template>
```

（2）在router目录下的index.js文件中定义"古诗词"页面（Poetry.vue）的子路由。需要注意的是，子路由路径是不加"/"路径符号的。

```
import { createWebHashHistory, createRouter } from "vue-router";
import Poetry from '../components/Poetry.vue'
import Prose from '../components/Prose.vue'
import libai from '../components/libai.vue'
import dumu from '../components/dumu.vue'
const routes = [
    //表示访问首页时默认被重定向至"古诗词"页面
    { path: '/', redirect: '/poetry' },
    {path: '/poetry', name: "古诗词", component: Poetry,
    //定义子路由规则
    children: [
      { path: 'libai', component: libai },
      { path: 'dumu', component: dumu },
    ]
    },
    { path: '/prose', name: "散文", component: Prose }
]
const router = createRouter({
  linkActiveClass: 'active',//表示路由激活时使用active样式
  history: createWebHashHistory(),
  routes: routes
});
```

```
export default router
```

(3)在"古诗词"页面中配置路由导航和路由视图。

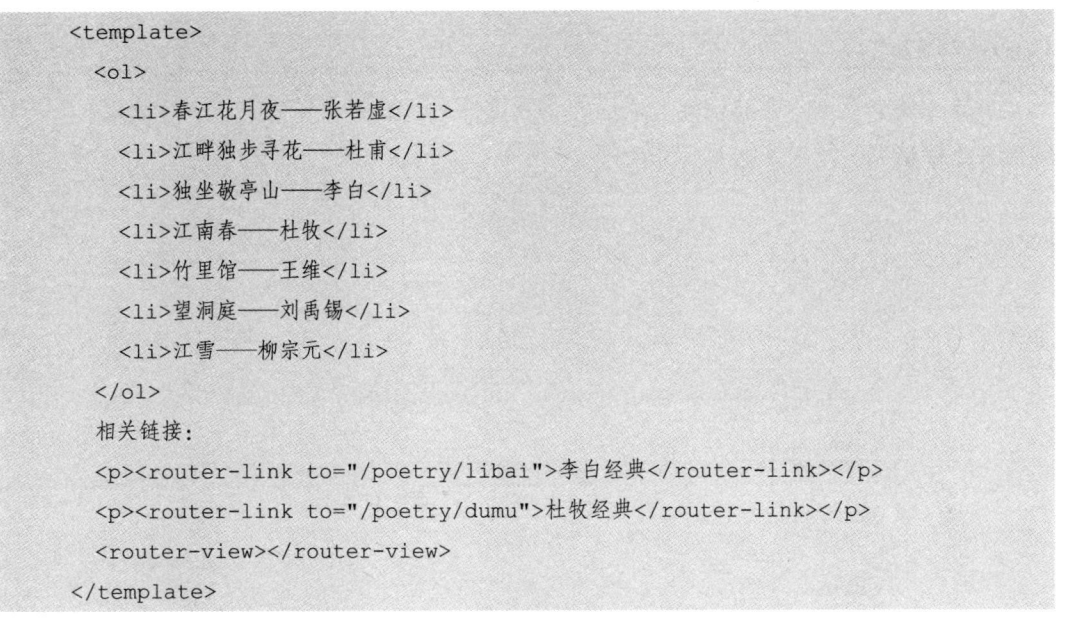

```
<template>
  <ol>
    <li>春江花月夜——张若虚</li>
    <li>江畔独步寻花——杜甫</li>
    <li>独坐敬亭山——李白</li>
    <li>江南春——杜牧</li>
    <li>竹里馆——王维</li>
    <li>望洞庭——刘禹锡</li>
    <li>江雪——柳宗元</li>
  </ol>
  相关链接:
  <p><router-link to="/poetry/libai">李白经典</router-link></p>
  <p><router-link to="/poetry/dumu">杜牧经典</router-link></p>
  <router-view></router-view>
</template>
```

(4)运行代码,单击子路由导航链接,页面效果如图6-16所示。

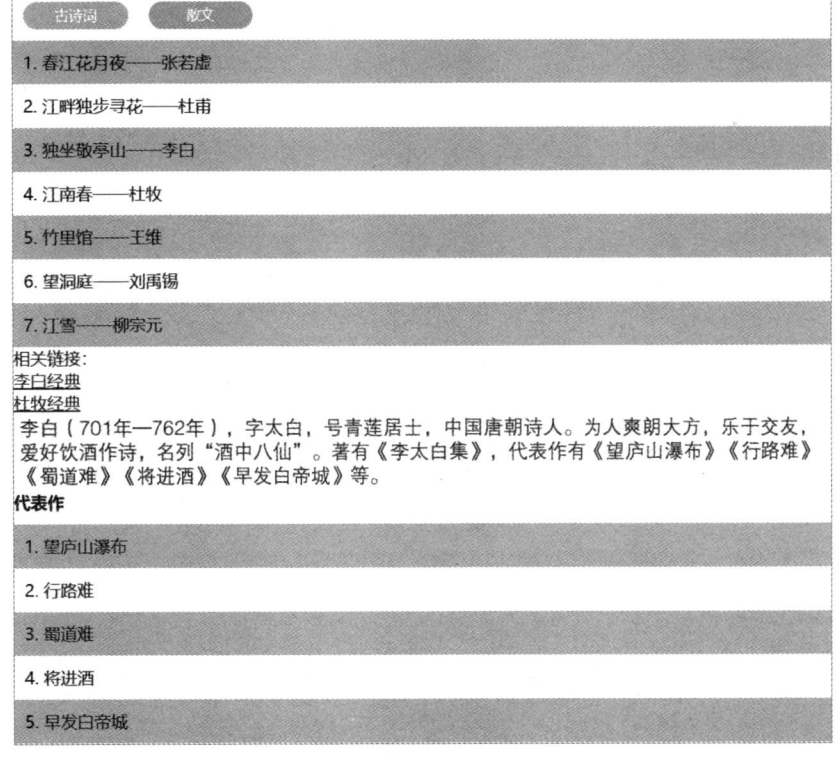

图6-16 子路由页面效果

任务 6.3 "就业指导"模块文章详情页开发

【任务陈述】

本任务要求开发"就业指导"模块的文章详情页,使用户只需单击文章列表,即可跳转至文章详情页,效果如图 6-17 和图 6-18 所示。

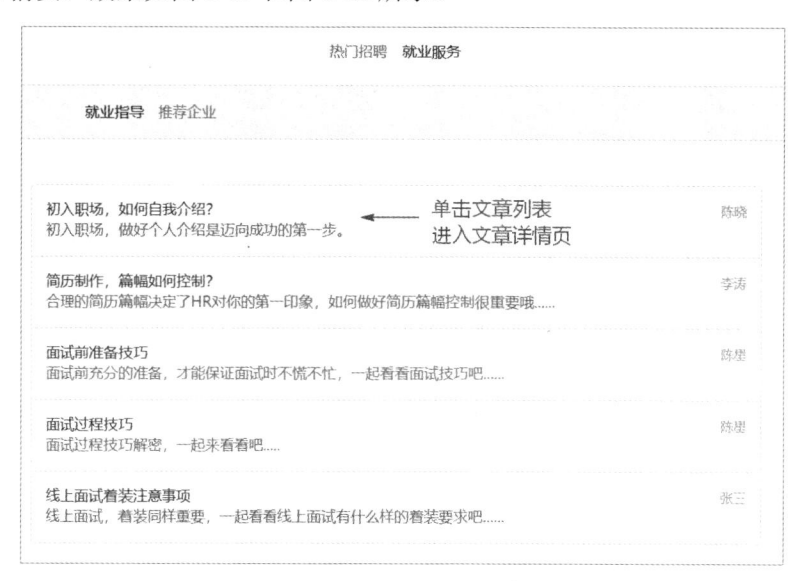

图 6-17 文章列表

图 6-18 文章详情页

任务 6 "就业服务"模块设计

【任务分析】

本任务需要读者了解并掌握以下知识内容。

- 掌握带参数的动态路由匹配规则。
- 了解编程式路由。
- 掌握编程式路由的使用方法。

任务流程如图 6-19 所示。

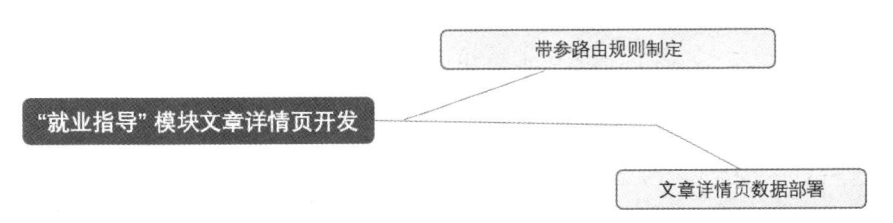

图 6-19 任务流程

【任务实施】

步骤一、带参路由规则制定

(1) 新建文章详情页组件——SingleArticle.vue,并放置于 components 目录下,如图 6-20 所示。

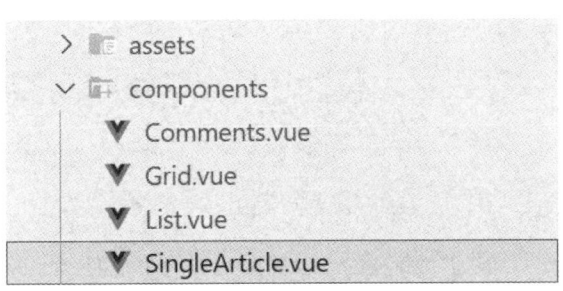

图 6-20 SingleArticle.vue 组件

(2) 在 router 目录下的 index.js 文件中制定路由匹配规则,当访问 "/article/:id" 的带参 URL 地址时能够展示 SingleArticle.vue 组件。

```
//导入组件
import SingleArticle from "../components/SingleArticle"
//制定路由规则
const routes = [
    {path:"/",redirect:"/messageboard"},
    //当访问 "/article/:id" 的带参 URL 地址时能够展示 SingleArticle.vue 组件
    {path:"/article/:id",name:"文章详情",component:SingleArticle},
```

```
        {path:"/articles",name:"就业服务",component:Articles,
        children:[
            {path:"/articles",redirect:"/articles/list"},
            {path:"list",name:"就业指导",component:List},
            {path:"grid",name:"推荐企业",component:Grid},

        ]},
        {path:"/messageboard",name:"热门招聘",component:MessageBoard}
    ]
```

（3）在 List.vue 组件（"就业指导"模块）的文章列表中使用 v-on 指令绑定 goArticle() 方法，并在 goArticle()方法中通过编程式路由跳转至文章详情页。

```
<template>
  <div>
    <div class="list-group ps-5 pe-5 pt-5 pb-5">
      <!-- 文章列表 通过v-on指令绑定 goArticle()方法-->
      <div class="list-group-item list-group-item-action
              d-flex gap-3 py-3"
        style="cursor:pointer"
        v-on:click="goArticle">
        ......
      </div>
    </div>
  </div>
</template>
<script setup>
  import { useRouter } from 'vue-router'
  const router = useRouter()
  //通过编程式路由，携带参数跳转至文章详情页
  function goArticle(item) {
    router.push("/article/" + item.id)
  }
</script>
```

要想在后续的文章详情页的设计中通过单击"返回"按钮返回上一个页面，就需要使用能够保存历史记录的 router.push()方法，而不是 router.replace()方法。

（4）在 SingleArticle.vue 组件（文章详情页）中，为"返回"按钮绑定 back()方法，当单击"返回"按钮时，通过 router.go(-1)方法返回上一个页面。

```
<script setup>
```

```
        import { useRouter } from 'vue-router'
        const router = useRouter()
        function back() {
            router.go(-1)
        }
    </script>
```

此时,"就业指导"模块的文章列表和文章详情页之间的跳转功能已完成。下面将文章列表和文章详情页中的数据部署到接口地址上,实现接口数据的交互。

步骤二、文章详情页数据部署

(1)在 data.json 接口数据中部署文章列表数据和文章详情页数据。

```
{
  ......
  //文章列表数据:
  "articleList": [
    {
      "id": 1,
      "title": "初入职场,如何自我介绍?",
      "introduce": "初入职场,做好个人介绍是迈向成功的第一步。",
      "author": "陈晓"
    }
    --依据示例数据规范,自行补充若干数据--
  ],
  //文章详情页数据:
  "article": [
    {
      "id": 1,
      "title": "初入职场,如何自我介绍?",
      "content": "1、注意表情和姿态管理,微笑面对面试官,眼神专注,坐姿端正,切忌因紧张而出现的小动作,要凸显热情,展现个人魅力。2、自我介绍时最好直切主题,介绍自己的成就,注意与应聘职位相关,突出优势、特长,可运用 STAR 法则进行陈述。例如,经历发生时的情况是怎样的?当时的任务是什么?采取了什么措施?结果是怎样的?正确运用 STAR 法则,能使自己的表述更有条理性、更抓人眼球。"
    }
    --依据示例数据规范,自行补充若干数据--
  ]
}
```

其中,articleList 接口用于放置文章列表数据,article 节点用于放置文章详情页数据。使用 npm run buildData 命令启动数据接口。

（2）在 pages 文件夹的 Articles.vue 组件中，使用 Axios 获取 articleList 接口中的数据。

```
<script setup>
    import { reactive, getCurrentInstance } from 'vue'
    const currentInstance = getCurrentInstance()
    const { $axios } =
currentInstance.appContext.config.globalProperties
    let articleList = reactive({
        content: []
    })
    //获取 articleList 接口中的数据
    function getArticle() {
        $axios.get('http://localhost:3000/articleList/')
            .then((response) => {
                if (response.status == 200) {
                    articleList.content = response.data
                }
            })
    }
    getArticle()
</script>
```

（3）在 Articles.vue 组件中，将 articleList 接口中的数据通过 props 属性由父组件传递给子组件。

```
<router-view :articleList="articleList">
</router-view>
```

（4）在 List.vue 组件中，接收父组件传递过来的接口数据并渲染至页面中。

```
<template>
    <div>
        <div class="list-group ps-5 pe-5 pt-5 pb-5">
            <!-- 文章列表 -->
            <div class="list-group-item list-group-item-action
                d-flex gap-3 py-3"
                style="cursor:pointer"
                v-for="(item, index) in articleList"
                :key="item.id"
                v-on:click="goArticle(item)">
                <div class="d-flex gap-2 w-100 justify-content-between">
                    <div>
                        <h6 class="mb-0">{{ item.title }}</h6>
```

```
                        <p class="mb-0 opacity-
75">{{ item.introduce }}</p>
                    </div>
                    <small class="opacity-50 text-
nowrap">{{ item.author }}
                    </small>
                </div>
            </div>
        </div>
    </div>
</template>

<script setup>
    import { defineProps, toRefs } from 'vue'
    import { useRouter } from 'vue-router'
    const router = useRouter()
    const props = defineProps({
        articleList: Array
    })
    const {articleList} = toRefs(props)
    function goArticle(item) {
        router.push("/article/" + item.id)
    }
</script>
```

（5）读取文章详情页数据并渲染至页面中。在 SingleArticle.vue 组件中定义 getArticle() 方法，通过该方法获取动态路由的匹配参数，并通过该参数从数据接口中获取相应的文章详情页数据。

```
    <template>
        <div class="container my--5">
            <div class="row p-4 align-items-center rounded-3 border shadow-
lg">
                <h5> <a v-on:click="back" style="cursor: pointer;
color:gray">
                    &lt 返回</a>
                </h5>
                <div class="col-lg-12 p-3 p-lg-5 pt-lg-3">
                    <h1 class="display-4 mb-4 fw-bold lh-1 text-center">
                        {{ articleInfo.data.title }}
                    </h1>
```

```
            <p class="lead" style="line-height:1.8">
                {{ articleInfo.data.content }}
            </p>
          </div>
        </div>
      </div>
    </template>
    <script setup>
        import { reactive,getCurrentInstance } from 'vue'
        import { useRouter } from 'vue-router'
        const currentInstance = getCurrentInstance()
        const { $axios } =
currentInstance.appContext.config.globalProperties
        const router = useRouter()
        const articleInfo = reactive({
            data: {}
        })
        //返回方法
        function back() {
            router.go(-1)
        }
        //根据页面参数获取文章详情页数据
        function getArticle() {
            $axios.get('http://localhost:3000/article/' +
router.currentRoute.value.params.id)
            .then((response) => {
                if (response.status == 200) {
                    articleInfo.data = response.data
                }
            })
        }
        getArticle()
    </script>
```

此时，我们已经使用 Axios 获取到数据接口（articleList 接口）中的数据，并将其渲染至文章列表的页面中了。运行代码，便可实现"就业指导"模块的文章列表和文章详情页之间的页面跳转效果（见图 6-17 和图 6-18）。

【知识链接】

6.3.1 编程式路由

除了使用<router-link>标签来定义导航链接，我们还可以借助 router 的实例方法，通过编写代码来实现导航链接。

1. 导航到不同的位置

想要导航到不同的 URL 地址上，可以使用 router.push()方法。这个方法会向历史堆栈中添加一个新的记录，所以当用户单击浏览器的"后退"按钮时，会回到之前的 URL 地址上。router.push()方法与<router-link :to="">所达到的效果相同。router.push()方法的代码如下。

```
<script setup>
    import { useRouter } from 'vue-router'
    const router = useRouter()
    //字符串路径
    router.push('/users/admin')
    //带有路径的对象
    router.push({ path: '/users/admin' })
</script>
```

2. 替换当前位置

替换当前路由可以使用 router.replace()方法，其作用类似于 router.push()方法。唯一不同的是，它在导航时不会向历史堆栈中添加新的记录，正如方法名所表达的意思一样——它取代了当前的条目。router.push()方法与<router-link :to="">所达到的效果相同。例如：

```
router.push({ path: '/home', replace: true })
//相当于
router.replace({ path: '/home' })
```

3. 历史记录导航

历史记录导航可以使用 router.go()方法，因为该方法采用一个整数作为参数，表示在历史堆栈中前进或后退多少步，类似于 window.history.go(n)方法。例如：

```
//向前移动一条记录，与 router.forward()方法相同
router.go(1)

//返回一条记录，与 router.back()方法相同
router.go(-1)
```

```
//前进 3 条记录
router.go(3)

//如果没有那么多记录，则静默失败
router.go(-100)
router.go(100)
```

6.3.2 带参路由

在通常情况下，我们需要将给定匹配模式的路由映射到同一个组件上。例如，在一个 User 组件中，可以对所有用户进行渲染，但用户 ID 不同。在 Vue Router 中，可以使用路径中的一个动态字段来实现带参路由，也可以将动态字段称为路径参数。

```
const routes = [
  //动态字段以冒号开始
  { path: '/users/:id', component: User },
]
```

现在像"/users/tom"和"/users/lili"这样的用户 URL 地址都会映射到同一个路由上。

路径参数用冒号表示。当一个路由被匹配时，其参数的值将在每个组件中以 router.currentRoute.value.params 的形式暴露出来。我们通过【例 6-2】进行解释说明。

【例 6-2】带参路由案例。具体实现步骤如下。

（1）新建项目文件，下载 vue-router。

（2）在 components 目录下新建 user.vue 组件，用于设计用户组件。

（3）新建 router 目录，并在该目录下新建 index.js 文件，用于配置路由规则。

```
//导入包
import { createRouter,createWebHashHistory } from "vue-router";
//导入路由
import user from "../components/user.vue"
//制定路由规则
const routes = [
    {path:"/user/:username",name:"用户详情",component:user},
]
//使用工厂函数创建路由
const router = createRouter({
    history:createWebHashHistory(),
    routes:routes
})
```

```
//导出路由
export default router
```

在以上代码中,我们通过"path:'/user/:username'"设置带参路由,使符合该规则的 URL 地址都映射到 user 组件上。

(4)在 App.vue 组件中部署路由导航和路由视图。

```
<template>
    <button v-on:click="getUser">Tom</button>
    <router-view></router-view>
</template>
<script setup>
    import { useRouter } from 'vue-router'
    const router = useRouter()
    function getUser() {
        router.push("/user/tom")
    }
</script>
```

运行以上代码,在单击"Tom"按钮时,将通过 router.push()方法跳转至用户详情页(user.vue 组件)。

(5)在用户详情页(user.vue 组件)中渲染路由参数。

```
<template>
    <h3>
        用户名:{{ router.currentRoute.value.params.username }}
    </h3>
</template>
<script setup>
    import { useRouter } from 'vue-router'
    const router = useRouter()
</script>
```

在此,我们通过 router.currentRoute.value.params 的形式显示路由参数。

(6)在 main.js 文件中导入路由,并将路由挂载到 Vue 实例中。

```
import { createApp } from 'vue'
import App from './App.vue'
import router from './router/index.js'
const app = createApp(App)
app.use(router)
app.mount('#app')
```

运行代码，效果如图 6-21 所示。

图 6-21 匹配带参路由

我们可以在同一个路由中设置多个路径参数，并将其分别映射到 route.params 的相应字段中，如表 6-1 所示。

表 6-1 路径参数

匹配模式	匹配路径	路由参数
/users/:username	/users/tom	{ username:"tom"}
/users/:username/posts/:postId	/users/tom/posts/1	{ username:"tom", postId:"1" }

任务总结与拓展

通过该任务的学习，读者应了解 Vue 路由系统的安装、配置和使用方法，以及通过路由系统可以在单页面应用中设计出多个页面的链接跳转效果；掌握嵌套路由的使用方法，虽然通过路由嵌套能够丰富软件的层次结构，但是一般来说，路由的嵌套最好不超过三层，因为过多的层级将造成结构混乱，难以维护；学习编程式路由和带参路由的使用方法，其中编程式路由能够更灵活地组织逻辑代码，而带参路由则能够使得系统组件更具模块化。

Vue 路由系统是 Vue 框架学习中的重点和难点，读者需要多加训练，对路由系统中的基础知识应用能够做到举一反三。

【思考】如何在 Vue 实例中获取当前路由地址的 name 值？

课后练习

1．选择题

（1）下列关于路由的描述错误的是（　　）。

  A．<router-link>是路由导航标签，用于指定跳转路径

  B．<router-view>是路由视图标签，用于展示路由规则对应的组件

  C．<router-link>标签在 HTML 页面中会被渲染为<link>标签

  D．我们可以通过 redirect 关键字设置路由重定向

（2）下列关于嵌套路由规则的书写正确的是（　　）。

　　A．{ path: "/user", component: user,child: [{ path: '/admin', component: admin }] }

　　B．{ path: "/user", component: user,children: [{ path: '/admin', component: admin }] }

　　C．{ path: "/user", component: user,child: [{ path: 'admin', component: admin }] }

　　D．{ path: "/user", component: user,children: [{ path: 'admin', component: admin }] }

（3）在下列选项中，（　　）代码可以通过编程式路由返回上一个页面。

　　A．router.go(1)

　　B．router.back(-1)

　　C．router.forward(1)

　　D．router.go(-1)

2．填空题

（1）_____命令可用于安装 vue-router。

（2）替换当前路由可以使用_____方法。

（3）我们可以使用_____属性设置路由激活样式。

3．判断题

（1）router.push()方法与<router-link :to="">的效果相同。　　　　（　　）

（2）路由规则中除了 path 属性，还提供了用来命名路由的 name 属性。　　（　　）

（3）HTML5 模式的路由中将会出现一个"#"符号。　　　　　　　　（　　）

4．简答题

（1）请简述 Vue 路由的使用流程。

（2）请简述几种编程式路由的不同用法。

任务 7

项目交互动画设计

学习目标

软件中适当的交互动画设计，能让用户与产品产生良好的互动，提升用户体验。本任务将学习 Vue 交互动画的使用方法，通过 Vue 提供的<transition>动画组件进行项目交互动画设计。

【知识目标】

- 掌握 Vue 中<transition>和<transitionGroup>动画组件的使用方法。
- 掌握 Vue 自定义动画的方法。
- 熟悉 Vue 动画过程中的钩子函数。
- 掌握 CSS 动画库的使用方法。

【技能目标】

- 能够使用 Vue 动画组件进行项目交互动画设计。

【素质目标】

- 增强创新意识。

项目背景

一款优秀的软件产品离不开流畅的交互动画设计，在软件中适当添加交互动画效果能够提升用户体验，减少画面过渡，缩短加载时间。本任务将学习 Vue 的动画组件，并使用该组件进行项目交互动画设计。

任务规划

本任务要求使用 Vue 动画组件和第三方动画库来设计项目页面之间的跳转交互效果。

任务 7.1　自定义动画设计

7-1 任务 7 项目交互动画设计 1　　7-2 任务 7 项目交互动画设计 2

【任务陈述】

本任务要求使用 Vue 动画组件设计"热门招聘"页面和"就业服务"页面之间的跳转交互，效果如图 7-1 和图 7-2 所示。

图 7-1　"就业服务"页面淡出效果

图 7-2　"就业服务"页面淡入效果

【任务分析】

本任务要求实现页面之间的跳转交互效果,需要读者对 Vue 动画组件有所掌握,并且能够结合 CSS3 样式进行动画效果的设计。任务流程如图 7-3 所示。

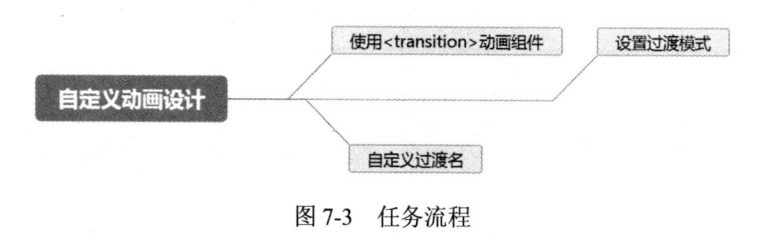

图 7-3　任务流程

【任务实施】

步骤一、使用<transition>动画组件

<transition> 是一个内置组件,这意味着在任意组件中都可以使用该组件,不需要注册。它可以将进入和离开动画通过默认插槽传递到元素或组件上。

(1)在 App.vue 组件的<router-view>路由视图中使用<transition>动画组件,代码如下。

```
<!-- 路由视图 -->
<router-view v-slot="{ Component }">
   <transition>
       <component :is="Component" />
   </transition>
</router-view>
```

(2)此时,页面并不具备过渡动画效果,我们可以在 App.vue 组件中添加如下 CSS3 动画代码。

```
<style>
.v-leave-to {
   opacity: 0;
   transform: translateX(-300px);
   position: absolute;
   z-index: 1000;
}

.v-leave-active {
   transition: all 0.3s ease;
}
</style>
```

在进入或离开的过渡动画中，<transition>动画组件会有 6 个默认动画样式，如图 7-4 所示。

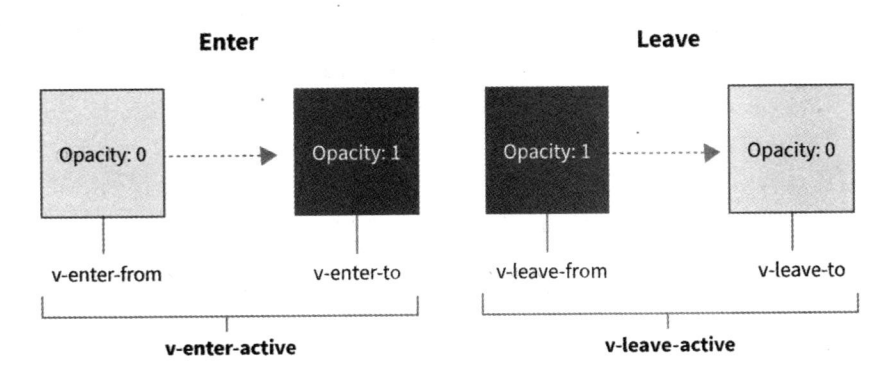

图 7-4 <transition>动画组件的默认动画样式

- v-enter-from：进入动画的起始状态。在插入元素之前添加该样式，在完成元素插入后的下一帧将其移除。
- v-enter-active：进入动画的生效状态，应用于整个进入动画阶段。在插入元素之前添加该样式，在完成过渡或动画之后将其移除。这个 class 可以用来定义进入动画的持续时间、延迟与速度曲线类型。
- v-enter-to：进入动画的结束状态。在完成元素插入后的下一帧（也就是 v-enter-from 被移除的同时）添加该样式，在完成过渡或动画之后将其移除。
- v-leave-from：离开动画的起始状态。在触发离开过渡效果时立即添加该样式，在一帧后将其移除。
- v-leave-active：离开动画的生效状态，应用于整个离开动画阶段。在触发离开过渡效果时立即添加该样式，在完成过渡或动画之后将其移除。这个 class 可以用来定义离开动画的持续时间、延迟与速度曲线类型。
- v-leave-to：离开动画的结束状态。在一个触发离开动画后的下一帧（也就是 v-leave-from 被移除的同时）添加该样式，在完成过渡或动画之后将其移除。

v-enter-active 和 v-leave-active 给我们提供了为进入和离开动画指定不同速度曲线的能力。

步骤二、自定义过渡名

我们可以给<transition>动画组件传递一个 name 属性来声明一个过渡效果名。对于一个有名字的过渡效果，对它起作用的过渡样式会以其名字为前缀，而不是以 "v-" 为前缀。这样做的好处是，能够为每一个<transition>动画组件定义独有的动画样式。下面对步骤一中的动画进行命名。

（1）为<transition>动画组件添加 name 属性，并自定义过渡名。

```
<!-- 路由视图 -->
<router-view v-slot="{ Component }">
    <!-- 添加 name 属性 -->
    <transition name="fade-left">
        <component :is="Component" />
    </transition>
</router-view>
```

（2）在<style>标签中，修改过渡动画样式名，这里将过渡动画样式名的前缀修改为"fade-left-"。

```
<style>
.fade-left-leave-to {
    opacity: 0;
    transform: translateX(-300px);
    position: absolute;
    z-index: 1000;
}

.fade-left-leave-active {
    transition: all 0.3s ease;
}
</style>
```

运行代码，我们将看到页面自定义的淡入、淡出动画效果。

步骤三、设置过渡模式

在之前的项目步骤中，进入和离开的元素都是同时开始动画的，因此我们不得不设置"position: absolute"，以避免二者同时存在所出现的布局问题。

然而，在很多情况下这可能并不符合需求。我们可能想要先执行元素的离开动画，在其完成之后再执行元素的进入动画。手动编排这样的动画是非常复杂的，好在我们可以通过向<transition>动画组件传入一个 mode 属性来实现这个行为。

为<transition>动画组件添加 mode 属性。

```
<!-- 路由视图 -->
<router-view v-slot="{ Component }">
    <!-- 添加 mode 属性 -->
    <transition name="fade-left" mode="in-out">
        <component :is="Component" />
```

```
      </transition>
   </router-view>
```

mode 属性具有如下两个属性值。

- in-out：先进行入场过渡，再进行出场过渡。
- out-in：先进行出场过渡，再进行入场过渡。

【知识链接】

7.1.1 <transition>和<transitionGroup>动画组件

Vue 提供了两个内置组件，可以帮助用户制作基于状态变化的过渡和动画，具体如下。

- <transition>动画组件会在一个元素或组件进入和离开 DOM 时应用动画。
- <transitionGroup>动画组件会在插入、移动或移除一个 v-for 列表中的元素或组件时应用动画。

除了这两个组件，我们也可以通过其他技术手段来应用动画，如切换 CSS 样式，或者用状态绑定样式来驱动动画。

<transition>动画组件可以将进入和离开动画应用到通过默认插槽传递给该动画组件的元素或组件上。在下列情形中，我们可以给任何元素和组件添加进入或离开的过渡动画。

- 由 v-if 指令所触发的切换。
- 由 v-show 指令所触发的切换。
- 由特殊元素<component>切换的动态组件。
- 改变特殊的 key 属性。

【例 7-1】<transition>动画组件使用案例。代码如下。

```
<template>
   <button @click="show = !show">切换</button>
   <transition>
   <p v-if="show">hello</p>
   </transition>
</template>

<script setup>
   import {ref} from "vue"
   let show = ref(true)
</script>
```

```
<style>
.v-enter-active,
.v-leave-active {
    transition: opacity 10s ease;
}
```

代码运行效果如图 7-5 所示。

图 7-5 <transition>动画组件效果

<transitionGroup>是一个内置组件，用于对 v-for 列表中的元素或组件的插入、移除和顺序改变添加动画效果。

【例 7-2】<transitionGroup>动画组件使用案例。代码如下。

```
<template>
  <TransitionGroup tag="ul" name="fade" class="container">
   <div v-for="item in items" class="item" :key="item">
    {{ item }}
    <button @click="remove(item)">删除</button>
   </div>
  </TransitionGroup>
</template>

<script setup>
import { reactive } from "vue"
let items = reactive([1, 2, 3, 4, 5])
function remove(item) {
 const i = items.indexOf(item)
 if (i > -1) {
   items.splice(i, 1)
  }
}
</script>

<style>
.container {
```

```css
    position: relative;
    padding: 0;
}

.item {
    width: 100%;
    background-color: #f3f3f3;
    border: 1px solid #666;
    box-sizing: border-box;
    display: flex;
    justify-content: space-between;
    align-items: center;
    padding: 5px;
}

/* 1. 声明过渡效果 */
.fade-move,
.fade-enter-active,
.fade-leave-active {
    transition: all 0.5s cubic-bezier(0.55, 0, 0.1, 1);
}

/* 2. 声明进入和离开的状态 */
.fade-enter-from,
.fade-leave-to {
    opacity: 0;
    transform: scaleY(0.01) translate(30px, 0);
}

/* 3. 确保离开的项目已经从布局流中移出
      以便正确地计算移动时的动画效果 */
.fade-leave-active {
    position: absolute;
}
</style>
```

运行代码，单击"删除"按钮，如图7-6所示，列表组将会产生一个整体向上移动的过渡动画效果。

1	删除
3	删除
4	删除
5	删除

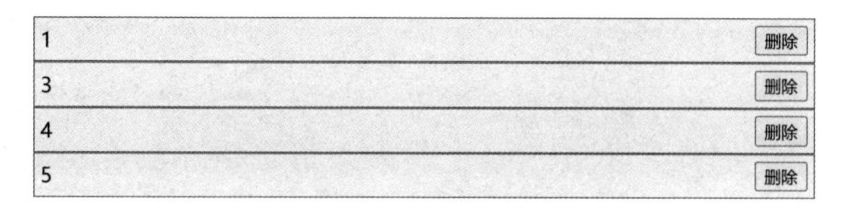

图 7-6 <transitionGroup>动画组件效果

<transitionGroup>动画组件支持和<transition>动画组件基本相同的属性、CSS 过渡样式等，但有以下几点区别。

- 在默认情况下，<transitionGroup>动画组件不会渲染一个容器元素。但是，我们可以通过传入标签属性指定一个元素作为容器元素进行渲染。
- 过渡模式在这里不可用，因为不是在互斥的元素之间进行的切换。
- 列表中的每个元素都必须有一个独一无二的 key 属性。
- CSS 过渡样式会被应用在列表内的元素上，而不是容器元素上。

7.1.2 动画过程中的钩子函数

我们可以通过监听<transition>动画组件事件的方式在过渡过程中使用钩子函数。这些钩子函数可以与 CSS 过渡或动画结合使用，也可以单独使用。通过钩子函数可以更加自由和方便地控制不同阶段的动画效果。

```
<transition
  @before-enter="onBeforeEnter"
  @enter="onEnter"
  @after-enter="onAfterEnter"
  @enter-cancelled="onEnterCancelled"
  @before-leave="onBeforeLeave"
  @leave="onLeave"
  @after-leave="onAfterLeave"
  @leave-cancelled="onLeaveCancelled"
>
</transition>
```

下面分别介绍这些钩子函数。

- onBeforeEnter(el)。

在将元素插入 DOM 之前调用该钩子函数，用于设置元素的 enter-from 状态。el 参数指的是被<transition>动画组件包裹的动画元素。

- onEnter(el,done)。

在将元素插入 DOM 之后的下一帧调用该钩子函数,用于开始进入动画。回调函数 done 表示过渡结束,如果与 CSS 结合使用,则这个回调是可选参数。

- onAfterEnter(el)。

当完成进入过渡时调用该钩子函数。

- onEnterCancelled(el)。

当取消进入过渡时调用该钩子函数。

- onBeforeLeave(el)。

在 leave 钩子之前调用该钩子函数。

- onLeave(el,done)。

在开始离开过渡时调用该钩子函数,用于开始离开动画。回调函数 done 表示过渡结束,如果与 CSS 结合使用,则这个回调是可选参数。

- onAfterLeave(el)。

在完成离开过渡,且元素已从 DOM 中移除时调用该钩子函数。

- onLeaveCancelled(el)。

在取消离开过渡时调用该钩子函数。

下面通过【例 7-3】说明动画过程中钩子函数的使用方法。

【例 7-3】使用 npm install gsap 命令安装 GSAP 库。GSAP 库用于产生从初始位置(或状态)到目标位置(或状态)的动画。在安装完成后在项目文件中输入如下代码。

```
<template>
  <button @click="show = !show">切换</button>
  <transition
  @before-enter="onBeforeEnter"
  @enter="onEnter"
  @leave="onLeave" :css="false">
    <div class="gsap-box" v-if="show"></div>
  </transition>
</template>
<script setup>
import gsap from 'gsap'
import {ref} from 'vue'
let show = ref(true)

function onBeforeEnter(el) {
```

```
    gsap.set(el, {
      scaleX: 0.25,
      scaleY: 0.25,
      opacity: 1
    })
  }

  function onEnter(el, done) {
    gsap.to(el, {
      duration: 1,
      scaleX: 1,
      scaleY: 1,
      opacity: 1,
      ease: 'elastic.inOut(2.5, 1)',
      onComplete: done
    })
  }

  function onLeave(el, done) {
    gsap.to(el, {
      duration: 0.7,
      scaleX: 1,
      scaleY: 1,
      x: 300,
      ease: 'elastic.inOut(2.5, 1)'
    })
    gsap.to(el, {
      duration: 0.2,
      delay: 0.5,
      opacity: 0,
      onComplete: done
    })
  }
</script>
<style>
  .gsap-box {
    background: #42b883;
    margin-top: 20px;
    width: 30px;
    height: 30px;
```

```
    border-radius: 50%;
   }
  </style>
```

运行代码，效果如图 7-7 所示。

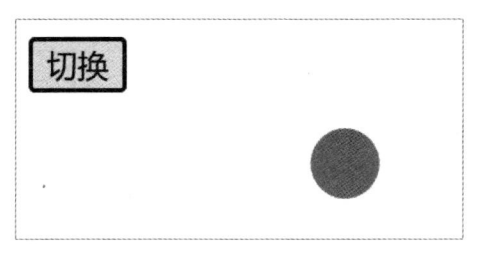

图 7-7　钩子函数的动画效果

任务 7.2　动画库的使用

7-4　任务 7 项目
交互动画设计 3

【任务陈述】

本任务要求使用 Vivify 动画库设计"就业指导"模块和"推荐企业"模块之间的跳转交互效果，如图 7-8 所示。

图 7-8　"就业指导"模块和"推荐企业"模块之间的跳转交互效果

【任务分析】

本任务需要读者掌握以下知识点。

- Vivify 动画库的下载和引入。
- Vivify 动画库的使用。
- Vue 自定义过渡样式的使用。

任务流程如图 7-9 所示。

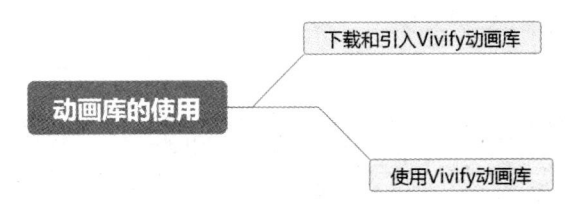

图 7-9　任务流程图

【任务实施】

步骤一、下载和引入 Vivify 动画库

（1）进入 src 目录，使用 npm 包管理工具下载 vivify.css 动画库。

```
npm install vivify.css --save
```

（2）在需要使用动画库的组件中，引入 vivify.css 动画库。本项目需要在 Articles.vue 组件中引入 vivify.css 动画库。

```
<style>
@import "../../node_modules/vivify.css";
</style>
```

步骤二、使用 Vivify 动画库

vivify.css 是一个强大的动画库，通过该动画库能够方便、快速地设计页面交互动画。

（1）在 Articles.vue 组件的 <transition> 动画组件中，指定自定义过渡样式。

```
<router-view v-slot="{ Component }" :articleList="articleList.content">
    <transition class="absolute"
                enter-active-class="vivify fadeInRight"
                leave-active-class="vivify fadeOutLeft">
        <component :is="Component" />
    </transition>
</router-view>

<style>
    .absolute {
        width: 100%;
```

```
        position: absolute;
    }
</style>
```

我们可以向 <transition>动画组件传递以下属性,以便指定自定义的过渡样式。

- enter-from-class。
- enter-active-class。
- enter-to-class。
- leave-from-class。
- leave-active-class。
- leave-to-class。

传入的这些样式会覆盖相应阶段的默认样式名。这个功能在 Vue 的动画机制下集成其他 CSS 动画库(如 vivify.css 动画库)将十分有用。

(2)使用 npm run dev 命令重新渲染项目。此时,对"就业指导"模块和"推荐企业"模块进行跳转交互,我们将看到如图 7-8 所示的动画效果。

【知识链接】

本任务仅包含 vivify.css 动画库的相关知识。

vivify.css 是一个免费的 CSS3 动画库,提供了丰富的动画效果。使用 vivify.css 动画库能够快速、便捷地设计页面交互动画。它的使用十分简单,只需在样式类名中添加"vivify"和动画样式名即可。例如:

```
<div class="vivify slideInLeft"></div>
```

除此之外,还可以通过 JavaScript 方式添加动画。例如:

```
document.querySelector('.my-element').classList.add('vivify',
'slideInLeft')
```

vivify.css 动画库还提供了一些类来控制动画的持续时间和延迟时间。

控制动画的持续时间,代码如下。

```
<div class="duration-{100|150|200|250...10750}">
</div>
```

控制动画的延迟时间,代码如下。

```
<div class="delay-{100|150|200|250...10750}">
</div>
```

vivify.css 动画库有 66 种不同的动画效果,具体如表 7-1 所示。

表 7-1　vivify.css 动画库

动画类别	One-off Animations	动画类别	Drive Enter Animations
类名	ball	类名	driveInLeft
	pulsate		driveInRight
	blink		driveInTop
	hitLeft		driveInBottom
	hitRight	动画类别	Drive Exit Animations
	shake	类名	driveOutBottom
动画类别	Pop Enter Animations		driveOutTop
类名	popIn		driveOutLeft
	popInLeft		driveOutRight
	popInRight	动画类别	Fade Enter Animations
	popInTop	类名	fadeIn
	popInBottom		fadeInLeft
动画类别	Pop Exit Animations		fadeInRight
类名	popOut		fadeInTop
	popOutLeft		fadeInBottom
	popOutRight	动画类别	Fade Exit Animations
	popOutTop	类名	fadeOut
	popOutBottom		fadeOutLeft
动画类别	Flip Animations		fadeOutRight
类名	flip		fadeOutTop
	flipInX		fadeOutBottom
	flipInY	动画类别	Roll Enter Animations
	flipOutX	类名	rollInLeft
	flipOutY		rollInRight
动画类别	Jump Animations		rollInTop
类名	jumpInLeft		rollInBottom
	jumpInRight	动画类别	Roll Out Animations
	jumpOutLeft	类名	rollOutLeft
	jumpOutRight		rollOutRight
动画类别	Swoop Enter Animations		rollOutTop
类名	swoopInLeft		rollOutBottom
	swoopInRight	动画类别	Spin Animations
	swoopInTop	类名	spin
	swoopInBottom		spinIn
动画类别	Swoop Exit Animations		spinOut
类名	swoopOutLeft	动画类别	Pull Animations
	swoopOutRight	类名	pullUp
	swoopOutTop		pullDown
	swoopOutBottom		pullLeft
			pullRight

任务总结与拓展

通过本任务的学习，读者掌握了<transition>动画组件、<transitionGroup>动画组件，以及动画过程中钩子函数的使用方法。本任务通过 Vue3 动画组件进行简单的页面交互动画设计，如果想要设计更为复杂的动画效果，则需要使用 vivify.css 动画库，并通过动画库的使用来设计更为丰富的交互动画，提升用户体验。除了 vivify.css 动画库，市面上还有很多其他优秀的动画库，如 animate.css、Animista 等。读者可以根据本任务所学知识自行拓展，从而达到举一反三的效果。

优秀的交互设计能够提升产品吸引力，提升用户体验。读者在平时使用其他软件时，也可以多留意优秀的交互动画设计，对其进行模仿和学习，提升软件设计的综合水平。

【思考】如何在 Vue 中全局引入 vivify.css 动画库？

【思考】在元素中使用的动画库和<transition>动画组件默认过渡样式，哪个优先级更高？

课后练习

1．选择题

（1）下列描述错误的是（　　）。

　　A．v-enter-active 指进入动画的生效状态，应用于整个进入动画阶段

　　B．v-leave-active 指离开动画的生效状态，应用于整个离开动画阶段

　　C．v-leave-to 指离开动画的结束状态

　　D．v-enter-from 指进入动画的生效状态

（2）关于 Vue 动画过程中的钩子函数，下列说法错误的是（　　）。

　　A．onEnter()是在元素被插入 DOM 之后的下一帧调用

　　B．onLeaveCancelled()是在取消离开过渡时调用

　　C．onBeforeEnter()是在元素被插入 DOM 之前调用

　　D．onAfterLeave()在完成离开过渡，且元素还未从 DOM 中移除时调用

（3）在下列选项中，（　　）不属于 vivify.css 动画库中的动画类名。

　　A．fadeInLeft

　　B．fadeOutRight

　　C．flipt

　　D．goto

2．填空题

（1）通过_____标签属性可以引入 vivify.css 动画库。

（2）<transitionGroup>动画组件中的每个元素都必须有一个独一无二的_____属性。

（3）在<transition>动画组件中添加_____属性，用于表示动画元素先进行入场过渡，再进行出场过渡。

3．判断题

（1）<transition>动画组件和<transitionGroup>动画组件具有相同动画过程的钩子函数。
（　　）

（2）在使用 vivify.css 动画库时，需要在样式类名前添加"vivify"基类。（　　）

（3）<transitionGroup>动画组件不具备 mode 属性。（　　）

4．简答题

（1）请简述<transition>动画组件和<transitionGroup>动画组件的区别。

（2）请简述 Vue 动画过程中的钩子函数。

任务 8

文章数据全局管理

学习目标

如何在 Vue 中实现全局状态管理呢?这就需要用到 Pinia 状态管理库了。Pinia 允许跨组件或页面共享状态,便于在 Vue 实例中实现数据的全局共享和管理。本任务将介绍 Pinia 的下载、安装、配置和具体使用方法。

【知识目标】

- 掌握 Pinia 的下载与安装、配置。
- 掌握 Pinia 的使用方法。

【技能目标】

- 能够使用 Pinia 进行全局状态管理。

【素质目标】

- 提升网络安全意识。

项目背景

在之前的任务中,我们已经学习了父组件与子组件之间的通信方式。在项目中如何在多级嵌套的组件或同一层级的组件中共享数据,是我们常遇到的问题。本任务将重点介绍使用 Pinia 全局状态管理库解决这一问题,并对"就业指导"模块的文章详情页进行开发。

任务规划

本任务要求使用 Pinia 库进行"就业指导"模块文章详情页的开发。

任务 8.1　Pinia 的安装和配置

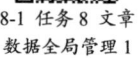

【任务陈述】

本任务要求下载并配置 Pinia 状态管理库。

【任务分析】

本任务需要读者了解并掌握以下知识内容。

- Pinia 的下载和引入。
- Pinia 的配置和使用。

任务流程如图 8-1 所示。

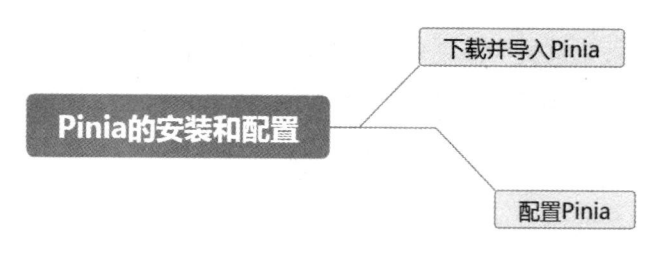

图 8-1　任务流程

【任务实施】

步骤一、下载并导入 Pinia

（1）进入项目的根目录，使用 npm 包管理工具下载 Pinia。

```
npm install pinia --save
```

（2）完成 Pinia 的安装后，我们需要将 Pinia 挂载到 Vue 实例中。也就是说，我们需要创建一个根存储传递给应用程序，简单来说就是创建一个存储数据的数据桶，将其放到应用程序中。在 main.js 文件中导入 Pinia，并完成 Pinia 的导入和注册。

```
import { createApp } from 'vue'
//导入 createPinia 方法
import { createPinia } from 'pinia'
```

```
import App from './App.vue'
//创建 Pinia 实例
const pinia = createPinia()
const app = createApp(App)
//全局注册 Pinia
app.use(pinia)
app.mount('#app')
```

步骤二、配置 Pinia

（1）在项目的 src 目录下新建 store 目录，并在该目录下新建 actions.js、index.js、state.js 文件，用于存储 Pinia 中各模块的内容。文件结构如图 8-2 所示。

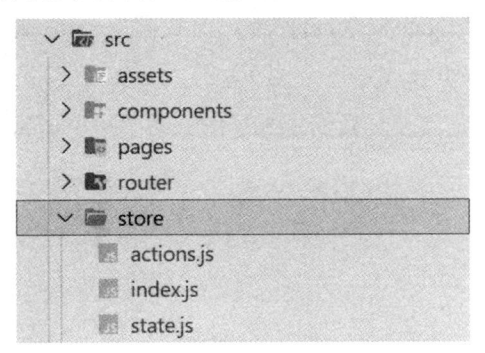

图 8-2　文件结构

下面了解几个关于 Pinia 的概念。

- store。

store 是用 defineStore()方法定义的，是独立存在的，用于保存状态和业务逻辑，而不绑定到组件树中。一个 store 可以理解为一个独立的全局数据仓库，包含三个模块，分别为 state、getters 和 actions，相当于组件中的 data、computed 和 methods。index.js 是 store 的入口文件，主要用于定义和配置 store。

- state。

state 是 store 的核心部分，主要用于存储全局数据。在以上代码中，state.js 文件是用来创建 state 模块的。

- action。

action 相当于组件中的 methods 属性，可以使用 defineStore()方法中的 actions 属性来定义，是定义业务逻辑的完美选择。在以上代码中，actions.js 文件是用来创建 actions 模块的。

（2）在 index.js 文件中定义和配置 store，代码如下所示。

```
import {defineStore} from 'pinia'
```

```
import state from './state.js'
import actions from './actions'
const store = defineStore('articles',{
    state,
    actions
})
export default store
```

defineStore()方法用来定义一个 store，该方法可以接收两个参数。

- name：一个字符串，必传项，该 store 的唯一 ID。
- options：一个对象，store 的配置项，如配置 store 内的数据，修改数据的方法等。

在 defineStore('articles',{state,actions})代码中，我们为 store 赋予了唯一 ID，同时将 state 模块和 actions 模块挂载至 store 上。

（3）在 state.js 文件中定义全局数据，并导出。为了便于调试，我们暂时定义全局数据 num=0。

```
export default () => {
    return {
        num: 0,
    }
}
```

（4）在 App.vue 组件中输入如下代码。尝试将定义好的 store 进行打印。

```
<script setup>
    //导入 useShopStore()方法
    import useShopStore from './store/index.js'
    const store = useShopStore();
    //打印 store 的唯一 ID
    console.log(store.$id);
    //打印 state 中的 num 数据
    console.log(store.$state.num);
</script>
```

代码运行后得到如图 8-3 所示的输出结果。

图 8-3　输出结果

【知识链接】

8.1.1 Pinia 简介

Pinia 是一个拥有组合式 API 的 Vue 状态管理库，允许用户跨组件或页面共享状态。Pinia 的标志是一个菠萝，如图 8-4 所示，官方对其的解释是："菠萝花实际上是一组各自独立的花朵，它们结合在一起，由此形成一个多重水果。与 store 类似，每一个都是独立诞生的，但最终它们都是相互联系的。"

Pinia 的优势：

图 8-4　Pinia 标志

- Pinia 同时支持 Vue2 和 Vue3。
- Pinia 中只有 state、getters 和 actions 三个模块，抛弃了传统的 Mutation，这无疑减少了工作量。
- Pinia 中 action 支持同步和异步。
- 良好的 TypeScript 支持。
- Pinia 在组合式 API 中不再需要使用 map()函数进行映射。
- 体积非常小，只有 1KB 左右。
- Pinia 支持使用插件来扩展自身功能。
- 支持服务器端渲染。

8.1.2 Pinia 核心概念

1. 初识 store

一个 store 就是一个 Pinia 实体，持有未绑定到用户的组件树的状态和业务逻辑。换句话来说，它托管全局状态。store 中可以挂载 state、getters、actions 等模块，如图 8-5 所示。state、getters、actions 相当于组件中的 data、computed、methods，分别用来管理全局数据、全局数据计算值、业务逻辑。

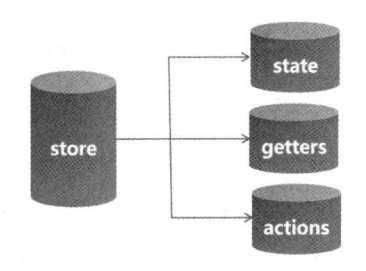

图 8-5　store 核心模块

2. 定义 store

在深入了解核心概念之前，我们需要知道 store 是使用 defineStore(name,opt)函数定义的，其中第一个参数传递的是 store 的唯一名称。

```
import { defineStore } from 'pinia'
    //useStore 可以是 useUser、useCart 之类的内容
    //第一个参数是应用程序中 store 的唯一 ID
    export const useStore = defineStore('main', {
    //其他配置...
})
```

defineStore(name,opt)函数中的 name 参数也被称为 ID，是必要的，具有唯一性。opt 是一个对象，其中包括挂载到 store 上的 state、actions、getters 等模块，这些挂载对象都是可选项。

3. 使用 store

定义好一个 store 之后，我们可以在 setup()中调用 useShopStore()方法来创建 store。例如：

```
<script setup>
    //导入 useShopStore()方法
    import useShopStore from './store/index.js'
    const store = useShopStore();
    //打印 store
    console.log(store);
</script>
```

我们可以根据需要定义任意数量的 store，如果需要定义多个 store，则在不同的文件中创建不同的 store，以便管理和维护，同时需要注意每个 store 必须有唯一的 ID。一旦 store 被实例化，我们就可以直接在 store 中访问 state、getters 和 actions 模块中定义的任意属性了。

任务 8.2 文章数据的全局管理

【任务陈述】

本任务要求使用 Pinia 库对"就业指导"模块中的文章作者和文章概览内容进行保存，如图 8-6 所示。在对应的文章详情页中，对文章作者和文章概览内容进行渲染，如图 8-7 所示。

图 8-6 全局保存"就业指导"模块数据

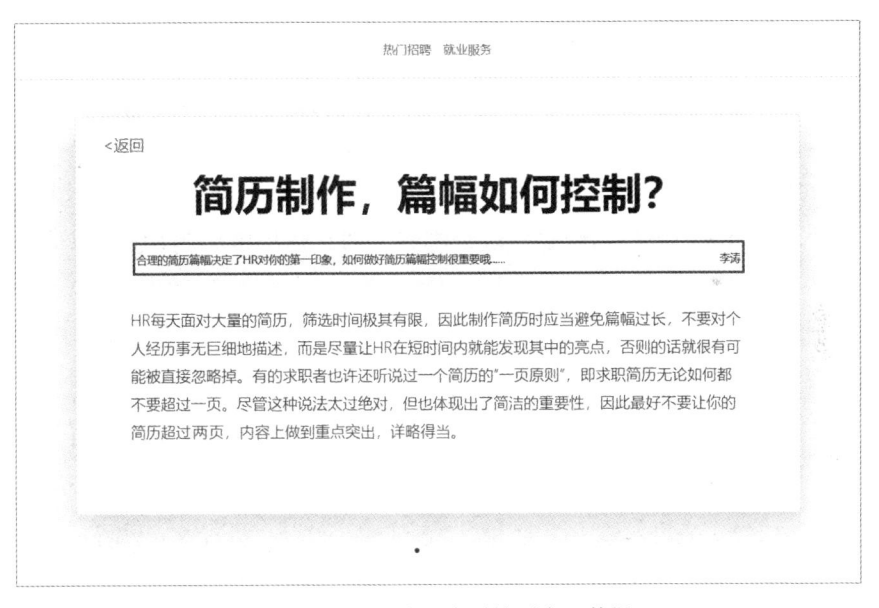

图 8-7 重新渲染文章详情页全局数据

【任务分析】

本任务需要读者掌握以下知识点。

- store 的定义和使用。
- state 全局数据的保存和读取。
- action 全局业务逻辑的定义和使用。

任务流程如图 8-8 所示。

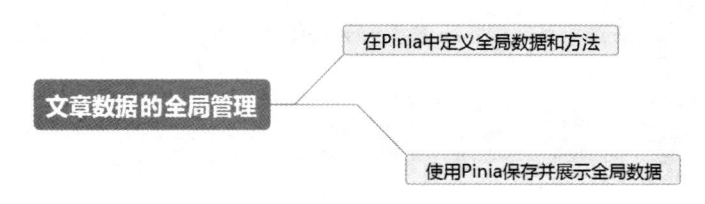

图 8-8 任务流程

【任务实施】

步骤一、在 Pinia 中定义全局数据和方法

(1) 进入项目的 store 目录，在 state.js 文件中定义需要使用的全局数据。

```js
export default () => {
    return {
        //文章作者
        author: 0,
        //文章概览内容
        introduce: 0
    }
}
```

(2) 在 actions.js 文件中定义全局方法，由于本任务需要全局保存"就业指导"模块中的文章作者和文章概览内容，因此我们需要在 actions.js 文件中定义 store()方法，用于存储这些数据。

```js
export default {
    store(data) {
        this.author = data.author
        this.introduce = data.introduce
    }
}
```

其中，this 指代 Pinia 中的数据对象，data 用于接收输入该方法的具体数据内容。

步骤二、使用 Pinia 保存并展示全局数据

(1) 在 List.vue 组件（"就业指导"模块）中，保存选中的文章作者和文章概览内容。

```vue
<script setup>
import { defineProps, toRefs } from 'vue'
import { useRouter } from 'vue-router'
//导入 store
import useStore from '../store/index.js'
```

```
const store = useStore()
const router = useRouter()
const props = defineProps({
    articleList: Array
})
const {articleList} = toRefs(props)
function goArticle(item) {
    //保存数据
    store.store(item)
    router.push("/article/" + item.id)
}
</script>
```

（2）在 SingleArticle.vue 组件（文章详情页）中渲染保存的全局数据。

```
<template>
    <!-- ...... -->
        <div class="bg-light p-2 pt-4 mt-4 mb-4 rounded"
          v-if="introduce">
            <p class="d-flex justify-content-between">
                <small>{{ introduce }}</small>
                <small style="min-width: 150px; text-align: right;">
                    {{ author }}
                </small>
            </p>
        </div>
    <!-- ...... -->
</template>

<script setup>
  import { reactive,getCurrentInstance } from 'vue'
  import { useRouter } from 'vue-router'
  //导入 Pinia
  import useStore from '../store/index.js'
  import { storeToRefs } from 'pinia'
  const store = useStore()
  //解构数据
  const {author,introduce} = storeToRefs(store)
</script>
```

运行代码，单击"就业指导"模块中任意文章列表，便可看到如图 8-6 和图 8-7 所示的效果。

【知识链接】

8.2.1 state 的定义和使用

state 是 store 的核心部分，用来存放公共数据。下面通过【例 8-1】说明如何定义和使用 state 中的数据。

【例 8-1】使用 state 中的数据进行页面渲染。具体步骤如下。

（1）创建工程项目，下载 Pinia 库，并在 main.js 文件中进行导入和挂载。

```
import { createApp } from 'vue'
//导入 createPinia()方法
import { createPinia } from 'pinia'
import App from './App.vue'
//创建 Pinia 实例
const pinia = createPinia()
const app = createApp(App)
//全局注册 Pinia
app.use(pinia)
app.mount('#app')
```

（2）在工程项目的 src 目录中新建 store 目录，并在该目录中新建 state.js 文件。下面定义两个全局数据 num 和 price，分别用于表示商品数量和商品价格。

```
export default () => {
    return {
        //商品价格
        price: 10,
        //商品数量
        num: 0
    }
}
```

（3）在 store 目录中新建 index.js 文件，用于创建 store 和挂载 state。

```
import {defineStore} from 'pinia'
import state from './state.js'
const store = defineStore('shop',{
    state,
})
export default store
```

（4）在 App.vue 组件的页面中，显示 state 中的数据。

```vue
<template>
    <div>
        <button> - </button>
        <span class="num">商品数量:{{ num }} </span>
        <button> + </button>
    </div>
    <div>
        <button> - </button>
        <span class="num">商品价格:{{ price }} </span>
        <button> + </button>
    </div>
</template>

<script setup>
import useStore from './store/index.js'
//导入store映射函数
import { storeToRefs } from 'pinia';
const store = useStore();
//映射num和price数据
const { num, price } = storeToRefs(store);
</script>

<style scoped>
.num {
    height: 20px;
    font-size: 14px;
    text-align: left;
    line-height: 20px;
    border: 1px solid rgb(182, 182, 182);
    display: inline-block;
    vertical-align: middle;
    padding: 0 15px;
    margin: 10px;
}
</style>
```

访问 state 中的数据，首先需要将 store 导入，然后通过 Pinia 中的 storeToRefs()方法将 state 中的数据映射到当前组件中。这样一来，我们就可以在组件中直接使用 state 中的数据了。渲染工程文件，代码运行后可以实现 state 数据绑定如图 8-9 所示。

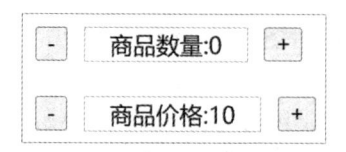

图 8-9　state 数据绑定

（5）如何做到通过单击页面上的加、减按钮来修改 state 中的数据呢？我们可以为页面上的加、减按钮绑定如下代码。

```
<template>
    <div>
        <button @click="subNum"> - </button>
        <span class="num"> 商品数量:{{ num }} </span>
        <button @click="addNum"> + </button>
    </div>
    <div>
        <button @click="subPrice"> - </button>
        <span class="num"> 商品价格:{{ price }} </span>
        <button @click="addPrice"> + </button>
    </div>
</template>

<script setup>

//......

//商品数量的加、减
function subNum(){
    num.value-=1
    console.log("state 中的 num:",store.$state.num)
}
function addNum(){
    num.value+=1
    console.log("state 中的 num:",store.$state.num)
}

//商品价格的加、减
function subPrice(){
    price.value-=1
    console.log("state 中的 price:",store.$state.price)
}
```

```
function addPrice(){
    price.value+=1
    console.log("state 中的 price:",store.$state.price)
}
</script>
```

运行代码，单击页面上的加、减按钮，可以实现 state 数据修改，如图 8-10 所示。通过页面数据和控制台打印数据的对比不难发现，当我们操作页面数据时，state 全局数据也发生了相应改变。

图 8-10　state 数据修改

虽然通过这种方式能够修改全局 state 中的数据，但是本书不推荐这么操作。这是因为缺乏统一的管理容易造成数据的混乱和难以维护，所以此时我们就需要借助 actions 模块对数据进行统一管理，即管理逻辑代码部分。

8.2.2　action 的定义和使用

（1）在 8.2.1 节的基础上补充 actions 模块。在 src 目录中新 actions.js 文件，action 相当于组件中的 methods 属性，能够用于处理同步方法和异步方法。它们可以使用 defineStore() 方法中的 actions 属性进行定义，并且它们非常适合定义业务逻辑。在 actions.js 文件中定义修改 state 数据的方法。

```
export default {
    //增加商品数量
    addNum() {},
    //减少商品数量
    subNum() {},
    //增加商品价格
    addPrice() {},
    //减少商品价格
    subPrice() {}
}
```

（2）在 index.js 文件中输入如下代码，将 actions 模块挂载到 store 中。

```js
import {defineStore} from 'pinia'
import state from './state.js'
import actions from './actions'
const store = defineStore('shop',{
    state,
    actions
})
export default store
```

（3）在 actions.js 文件中补全修改 state 数据方法的代码。

```js
export default {
    //增加商品数量
    addNum(n) {this.num+=n},
    //减少商品数量
    subNum(n) {this.num-=n},
    //增加商品价格
    addPrice(n) {this.price+=n},
    //减少商品价格
    subPrice(n) {this.price-=n}
}
```

在 actions.js 文件中定义的方法可以通过 this 访问 store 实例并提供完整类型的支持。方法中的 n 用于接收传入该方法的实参数值，如果需要传入多个属性，则 n 可以使用对象类型。

（4）在 App.vue 组件中通过 action 操作 state 中的数据，从而实现数据的统一管理。

```js
//商品数量的加、减
function subNum(){
    store.subNum(1)
    console.log("state 中的 num:",store.$state.num)
}
function addNum(){
    store.addNum(1)
    console.log("state 中的 num:",store.$state.num)
}

//商品价格的加、减
function subPrice(){
    store.subPrice(1)
    console.log("state 中的 price:",store.$state.price)
```

```
    }
    function addPrice(){
        store.addPrice(1)
        console.log("state 中的 price:",store.$state.price)
    }
```

运行代码，单击页面上的加、减按钮，通过 action 同样能够对 state 全局数据进行修改操作，如图 8-11 所示。相较于在 Vue 实例中直接修改 state 中的数据，通过 action 进行数据管理能够使管理方法更为集中、统一，便于数据的维护。

图 8-11 通过 actions 修改 state 数据

8.2.3 getters 的定义和使用

我们继续在 8.2.2 节的基础上补充 getters 模块，getter 完全等同于 store 状态的计算值，可以将其看作组件中的 computed 计算属性。getter 的返回值会根据它的依赖被缓存起来，而且只有当它的依赖值发生了改变才会被重新计算。

（1）在 src 目录下新建 getters.js 文件。通过 getters 模块计算商品总价，当 state 中的 num 或 price 改变时，商品总价将随之变化。

```
export default {
  totalPrice: (state) => {
    return state.num * state.price;
  },
}
```

（2）在 index.js 文件中输入如下代码，将 getters 挂载至 store 上。

```
import { defineStore } from 'pinia'
import state from './state.js'
import actions from './actions'
import getters from './getters'
const store = defineStore('articles', {
    state,
    actions,
    getters
```

```
    })
export default store
```

（3）在 App.vue 组件中使用 getter 显示商品总价。

```
<template>
  <div>
    <button @click="subNum"> - </button>
    <span class="num"> 商品数量:{{ num }} </span>
    <button @click="addNum"> + </button>
  </div>
  <div>
    <button @click="subPrice"> - </button>
    <span class="num"> 商品价格:{{ price }} </span>
    <button @click="addPrice"> + </button>
  </div>
  <div>
    <!-- 使用 getter -->
    <span class="num"> 商品总价:{{ totalPrice }}</span>
  </div>
</template>

<script setup>
import useStore from './store/index.js'
//导入 store 映射函数
import { storeToRefs } from 'pinia';
const store = useStore();
//映射 num、price 和 totalPrice 数据
const { num, price, totalPrice } = storeToRefs(store);
//......
</script>
```

在 App.vue 组件中使用 getters 十分方便，只需通过 storeToRefs(store)方法解构出 store 中的数据，即可直接使用。运行代码，效果如图 8-12 所示。

图 8-12 getters 数据计算效果

任务总结与拓展

通过本任务的实施，读者掌握了 Pinia 的下载和配置及其各个核心模块的使用方法。目前，Pinia 已成为 Vue 开发者首选的状态管理工具，因此本书要求读者熟悉 Pinia 中各核心模块的定义和使用方法。在 Pinia 的官方文档中还提供了更多的 API 方法，感兴趣的读者可以通过官方文档继续深入学习。

Pinia 具有和 Vue3 一致的函数编程思想，并能良好地支持 TypeScript，因此读者可以在本任务的基础上继续强化学习，加深对 Pinia 的了解。需要注意的是，对于一些较为私密的全局业务数据，需要做好安全管理，以防数据泄露。

【思考】如何在 Pinia 中使用插件。

课后练习

1. 选择题

（1）下列说法错误的是（　　）。

　　A．Pinia 体积非常小，只有 1KB 左右

　　B．Pinia 中的 action 支持同步和异步操作

　　C．Pinia 中的 getters 模块用于管理业务逻辑

　　D．Pinia 在组合式 API 中不再需要使用 map() 函数进行映射

（2）下列说法错误的是（　　）。

　　A．state 是 store 的核心部分，用来存放公共数据

　　B．在 actions() 方法中，可以通过 this 访问 store 实例并提供完整类型的支持

　　C．Pinia 支持使用插件来扩展自身功能

　　D．PiniaToRefs() 方法将 Pinia 中的数据解构到当前组件中

（3）在下列选项中，（　　）模块部署于 Pinia。

　　A．getters　　　　　　　　　B．actions

　　C．mutations　　　　　　　　D．plugins

2. 填空题

（1）_____ 命令可用于定义一个 store。

（2）_____ 命令可用于从 Pinia 中解构数据。

（3）_____ 命令可用于创建一个 Pinia 实例。

3．判断题

（1）Pinia 中不同的 store 无法相互访问。（   ）

（2）Pinia 中的 actions 模块无法支持异步操作。（   ）

（3）defineStore() 方法的第一个参数要求是一个唯一的 ID。（   ）

4．简答题

（1）请简述 Pinia 的优势。

（2）请简述 Pinia 中各核心模块的作用和使用方法。

任务 9 项目托管和项目发布

学习目标

掌握 Gitee 代码托管和研发协作平台的使用方法。

【知识目标】

- 掌握 Gitee 仓库创建和删除的方法。
- 掌握将本地项目托管到 Gitee 仓库中的方法。

【技能目标】

- 能够熟练地将项目托管到 Gitee 仓库中。

【素质目标】

- 培养定时备份项目的良好工作习惯。
- 培养良好的合作精神。

项目背景

本任务负责对"就业职通车"网站进行托管和发布。通过学习 Gitee 平台的使用方法，从而实现将网站项目托管到 Gitee 仓库中。

任务规划

本任务要求将"就业职通车"网站托管到 Gitee 仓库中。

任务 9.1　Gitee 仓库的使用

【任务陈述】

码云 Gitee 是开源中国社区在 2013 年推出的基于 Git 的代码托管服务,专为开发者提供稳定、高效、安全的云端软件开发协作平台,无论是个人、团队,还是企业,都能够通过 Gitee 实现代码托管、项目管理、协作开发。在企业开发中通常可以通过 Gitee 更好地使用 Git 上传自己的代码和托管项目,也可以到 Gitee 官网上分享自己的项目。

【任务分析】

本任务要求掌握 Gitee 仓库的创建。任务流程如图 9-1 所示。

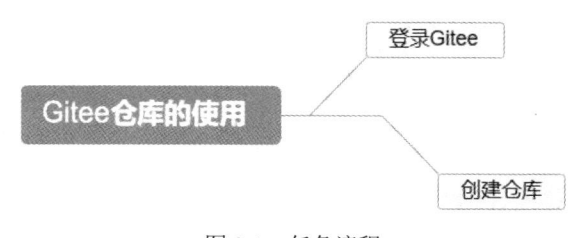

图 9-1　任务流程

【任务实施】

步骤一、登录 Gitee

通过浏览器访问并登录 Gitee,如图 9-2 所示。

步骤二、创建仓库

(1) 单击 + 按钮,在弹出的下拉列表中选择"新建仓库"选项,如图 9-3 所示。

(2) 在"新建仓库"页面中,填写仓库相关信息,并单击"创建"按钮,完成仓库的创建,如图 9-4 所示。

图 9-2 Gitee 登录页面

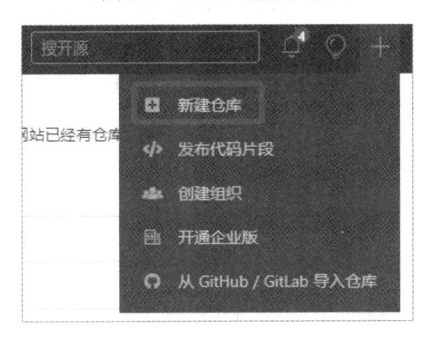

图 9-3 选择"新建仓库"选项

图 9-4 "新建仓库"页面

(3)创建成功后,自动跳转到仓库页面,如图 9-5 所示。

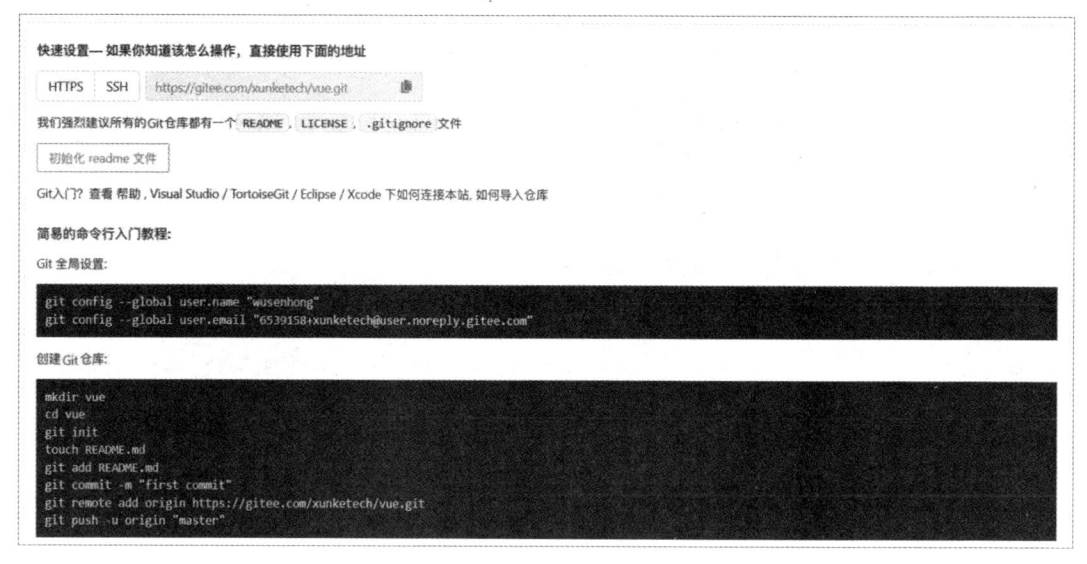

图 9-5　仓库页面

【知识链接】

9.1.1　新建仓库

(1)登录 Gitee,如果读者还未拥有 Gitee 账户,则先申请账户。

(2)在"个人主页"页面中单击 + 按钮,在弹出的下拉列表中选择"新建仓库"选项,用于新建代码仓库,如图 9-6 所示。

图 9-6　新建代码仓库

(3)新建代码仓库的配置。仓库的具体配置说明如表 9-1 所示。

表 9-1　仓库的具体配置说明

配置选项	说明
仓库名称	仓库的名称,用于仓库命名
归属	仓库归属账户,可以是个人账号/组织/企业中的一种,创建成功后该账户默认为仓库的拥有者(管理员)

续表

配置选项	说明
路径	仓库的 Git 访问路径，由用户个性地址和仓库路径名称组成。创建仓库后，用户将通过该路径访问仓库
仓库介绍	仓库的简单介绍
是否开源	设置仓库是否为公开仓库。公开仓库对所有人可见，而私有仓库仅限仓库成员可见
选择语言	仓库开发主要使用的编程语言
添加.gitignore	系统默认提供的 Git 忽略提交的模板文件。只要在这个文件中声明哪些文件不希望添加到 Git 中，就可以在使用 git add .命令时将这些文件自动忽略
添加开源许可证	如果仓库为公开仓库，则可以添加设置仓库的开源协议，作为对当前项目仓库和衍生项目仓库的许可约束。开源许可证决定了该开源项目是否对商业友好
Readme	项目仓库自述文档，通常包含软件的描述或使用的注意事项
使用 Issue、Pull Request 模板文件	使用 Issue 或 Pull Request 模板文件初始化仓库

（4）配置新仓库，根据平台提示填写相关信息，如图 9-7 所示。

图 9-7 配置新仓库

9.1.2 删除仓库

新建仓库之后，在"个人主页"页面中单击"test"按钮，进入仓库主页，如图 9-8 所示。如果需要删除仓库，则用户可以在仓库主页中选择"管理"选项卡，在其左侧列表中选择"仓库设置"→"删除仓库"选项，对仓库执行删除操作，如图 9-9 所示。在确认操作后，系统会对用户进行密码校验确认。校验密码后，即可删除仓库。

图 9-8　进入仓库主页

图 9-9　删除仓库

9.1.3 邀请团队成员

新建仓库之后，如果需要邀请团队成员，则可以在仓库主页中选择"仓库成员管理"

选项，邀请用户，如图 9-10 所示。

图 9-10　邀请团队成员

任务 9.2　项目打包和项目发布

【任务陈述】

本任务要求将"就业职通车"网站打包发布到 Gitee 仓库上。

【任务分析】

本任务要求在 Gitee 仓库中创建一个仓库，并将"就业职通车"网站打包发布到该 Gitee 仓库上。任务流程如图 9-11 所示。

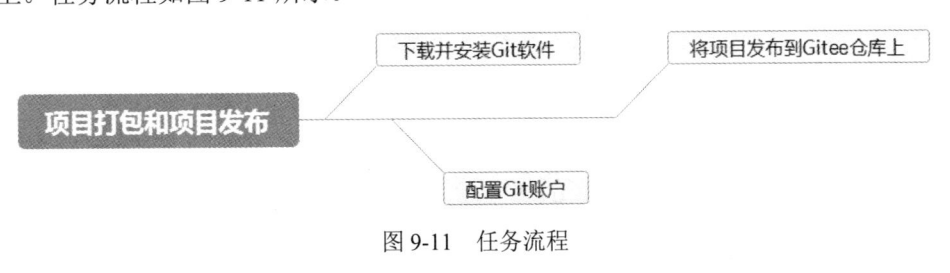

图 9-11　任务流程

【任务实施】

✎步骤一、下载并安装 Git 软件

（1）通过 Git 官网下载 Git 软件，如图 9-12 所示。

图 9-12　Git 下载页面

（2）双击下载的 exe 文件，开始进行安装。

（3）在"Information"界面中，单击"Next"按钮进入下一步操作，如图 9-13 所示。

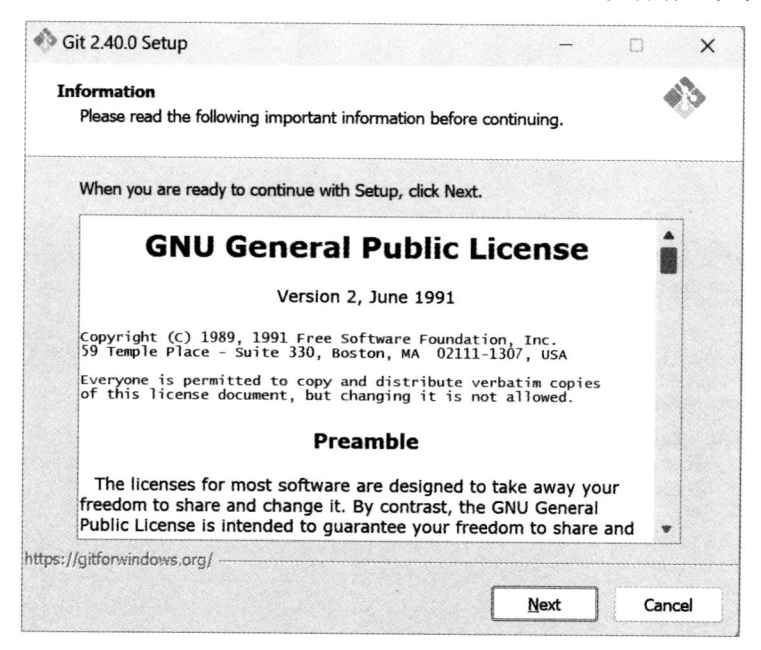

图 9-13　安装流程一

（4）在"Select Destination Location"界面中，选择安装路径（一般不安装在系统盘中），单击"Next"按钮，如图 9-14 所示。

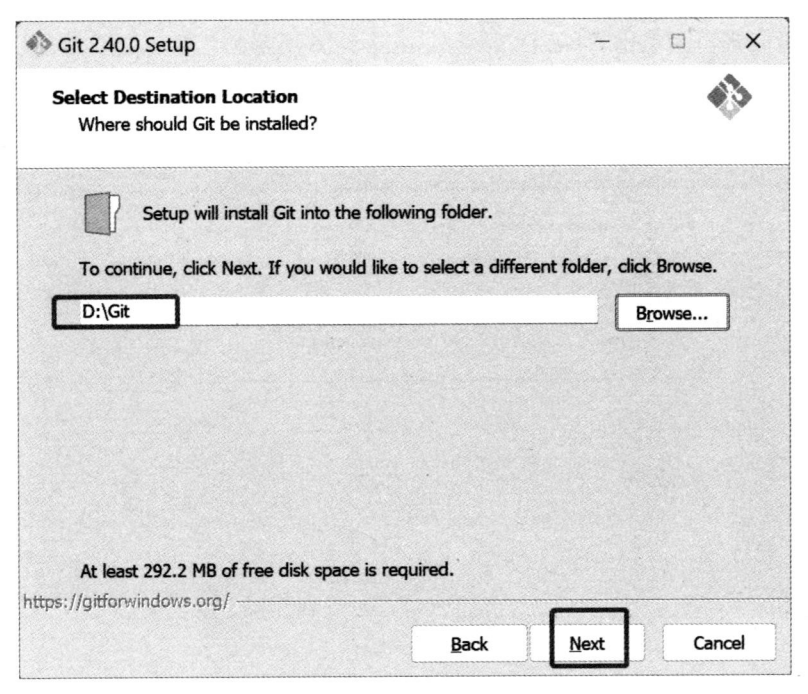

图 9-14　安装流程二

（5）在"Select Components"界面中，根据自己的需要可以勾选对应的复选框，也可以保持默认设置，单击"Next"按钮，如图 9-15 所示。

图 9-15　安装流程三

（6）接下来都直接单击"Next"按钮，如图9-16所示。

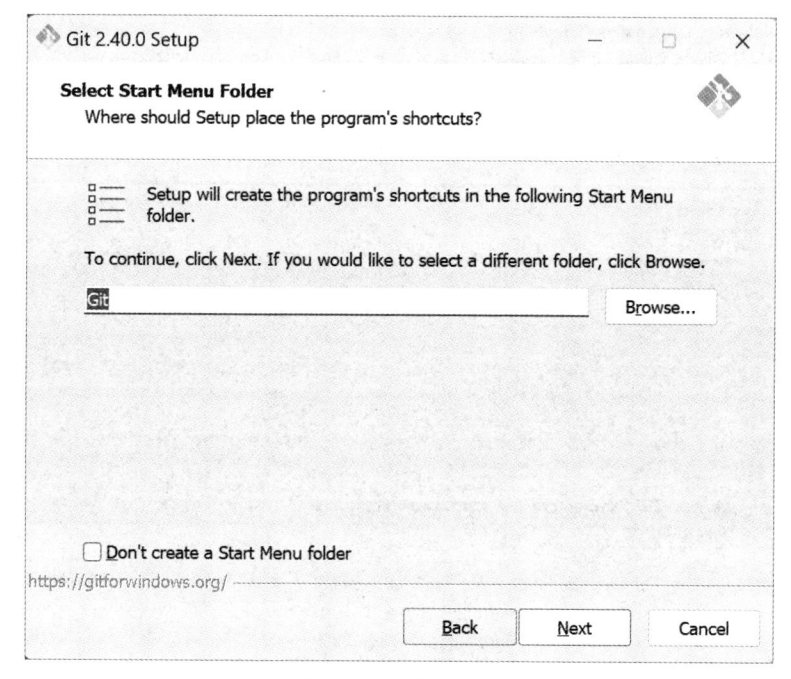

图9-16　安装流程四

（7）在"Configuring experimental options"界面中，单击"Install"按钮进行安装，如图9-17所示。

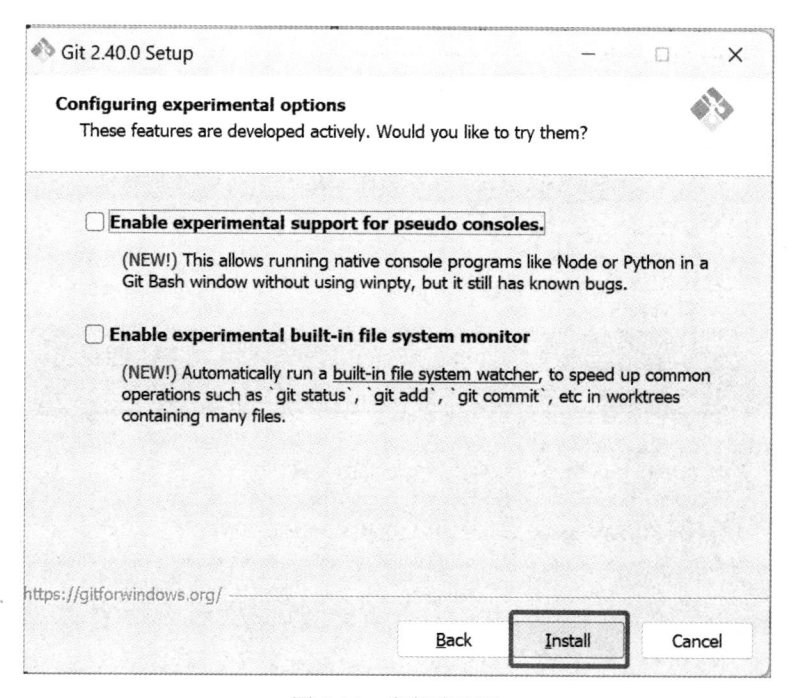

图9-17　安装流程五

✏️ 步骤二、配置 Git 账户

（1）打开 Git Bash Here，如图 9-18 所示。

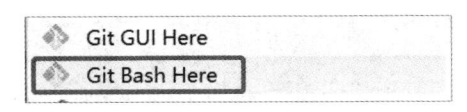

图 9-18　打开 Git Bash Here

（2）配置 Git 账户的账户名和邮箱。

使用如下命令配置 Git 账户的账户名。

```
git config -global user.name"名字"
```

使用如下命令配置 Git 账户的邮箱。

```
git config -global user.email"邮箱"
```

下面对 Git 账户的账户名和邮箱进行配置，如图 9-19 所示。

图 9-19　配置 Git 账户的账户名和邮箱

✏️ 步骤三、将项目发布到 Gitee 仓库上

（1）进入项目目录，使用 git init 命令进行项目初始化，运行结果如图 9-20 所示。

图 9-20　初始化项目

（2）使用 git add -all 或 git add . 命令添加所有文件，如图 9-21 所示。

图 9-21　添加所有文件

（3）使用 git commit 命令提交项目，如图 9-22 所示。

图 9-22　提交项目

（4）使用 git remote add origin 命令新增一个名字为"origin"的 remote，如图 9-23 所示，具体地址可在 Gitee 仓库中查看，查看路径如图 9-24 所示。

图 9-23　新增一个名字为"origin"的 remote

图 9-24　查看新增 remote 的路径

（5）使用 git push 命令将项目推送到远程仓库中，如图 9-25 所示。

图 9-25　将项目推送到远程仓库中

（6）完成项目提交后，我们便可在 Gitee 仓库中查看到已经提交的项目，即远程仓库内容，如图 9-26 所示。

图 9-26　远程仓库内容

【知识链接】

1．git fetch 命令

（1）我们可以通过 git fetch 命令从远程仓库中获取代码库。

（2）fetch 命令会获取到所有本地没有的数据，而所有获取到的分支可被称为 remote branches，它们和本地分支一样。

2．git pull 命令

（1）在执行 git pull 命令时会首先执行 git fetch 命令，然后执行 git merge 命令，并把获取到的分支的 head 合并到当前分支中，这个合并操作会产生一个新的提交。

（2）如果使用 rebase 参数，则会执行 git rebase 命令，以取代原来的 git merge 命令。

3．git rebase 命令

（1）rebase 命令不会产生合并的提交，却会将本地的所有提交临时保存为补丁（Patch），存放在".git/rebase"目录中。git rebase 命令会将当前分支更新到最新的分支尖端，并把保存的补丁应用到分支上。

（2）在执行 rebase 命令的过程中，也许会出现冲突，Git 会停止 rebase 命令并让你解决冲突。在解决完冲突之后，使用 git add 命令更新这些内容，不需要执行 commit 命令，只需执行以下命令即可。

① 执行 git rebase -continue 命令将继续打余下的补丁。

② 执行 git rebase -abort 命令将终止 rebase，当前分支将回到 rebase 之前的状态。

4．git push 命令

（1）git push [alias] [branch]命令将把当前分支 merge 到 alias 上的[branch]分支中。如果[branch]分支已经存在，则进行更新操作；如果[branch]分支不存在，则添加这个分支。

（2）如果有多个人执行同一个 remote repo push 命令，则发出插入代码的请求，Git 会首先在用户试图 push 的分支上执行 git log 命令，检查它的日志中是否存在 server 上该 branch 的 tip 标志。如果本地日志中不存在 server 上的 tip 标志，则说明本地的代码不是最新的，Git 会拒绝用户的 push，让用户先 fetch、merge，之后再 push，这样就保证了所有人的改动都被考虑进来。

任务总结与拓展

通过本任务的学习，读者可以掌握 Gitee 仓库创建和删除的方法，以及将本地项目托管到 Gitee 仓库中的方法。Gitee 实际上不仅是版本管理器，还有很多其他的妙用。比如，我们可以从上面找到很多非常棒的开源项目，也可以获得更多的技术提升等。

课后练习

1．选择题

（1）关于 git push 推送命令，下列说法错误的是（　　）。

    A．git push<远程主机名><本地分支名>:远程分支名>：将本地分支推送到远程分支中

    B．git push--all origin：将本地的所有分支都推送到远程主机中

    C．git push：如果当前分支只有一个追踪分支，则可以省略主机名

    D．git push--force origin：可以强制推送，没有任何风险

（2）如果把项目中文件的内容破坏了，则使用（　　）命令可以将其还原至原始版本。

    A．git reset -　　　　　　　　B．git checkout HEAD -

    C．git revert　　　　　　　　　D．git update

（3）仅将工作区中修改的文件添加到暂存区中（新增文件不添加），以备提交，则下列选项中（　　）命令标记得最快。

    A．git add -A　　　　　　　　B．git add -p

    C．git add -i　　　　　　　　　D．git add -u

2．填空题

（1）使用_____命令能够一次性将一个目录下的所有文件都提交给 Git。

（2）首次使用 Git 之前，应给配置用户名和_____。

（3）使用 git _____命令可以创建一个空仓库。

3．判断题

（1）码云 Gitee 是开源中国社区在 2013 年推出的基于 Git 的代码托管服务。（   ）

（2）无论是个人、团队，还是企业，都能够使用 Gitee 实现代码托管、项目管理、协作开发。（   ）

（3）设置仓库是否为公开仓库，其中公开仓库对所有人可见，私有仓库仅限仓库成员可见。（   ）

4．简答题

（1）如何将 Git 文件推送到远程 Gitee 仓库中，需要配置什么，使用什么命令？

（2）git pull 命令会执行什么操作？